高等学校土木工程专业"十三五"系列教材

高等学校土木工程专业系列教材

土木工程基础试验指导

黄正均　主　编

刘　钰　张　栋　副主编

中国建筑工业出版社

图书在版编目（CIP）数据

土木工程基础试验指导/黄正均主编．—北京：中国建筑工业出版社，2020.8
高等学校土木工程专业"十三五"系列教材 高等学校土木工程专业系列教材
ISBN 978-7-112-25246-6

Ⅰ．①土… Ⅱ．①黄… Ⅲ．①土木工程–试验–高等学校–教材 Ⅳ．①TU-33

中国版本图书馆CIP数据核字（2020）第099585号

本书介绍了土木工程专业中的主要专业基础试验——土力学试验和土木工程材料试验，涉及相应的试验原理、试验仪器设备、试验方法和操作步骤，以及结果计算、数据处理等。全书共分为6章，主要内容包括实验室基本知识、水泥性能试验、砂石、集料试验、普通混凝土和自密实混凝土试验、建筑砂浆试验、砌体砖试验、沥青性能试验、建筑防水卷材和建筑钢筋试验，以及土的试样制备和饱和、土的基本物理力学性质试验、土的颗粒分析实验、土的工程分类、土工原位试验，同时还分别以土工击实试验和砂浆配合比设计试验作为综合试验，提出了综合性、设计性试验的思路和方法；此外，还介绍了常见实验数据分析及处理方法，以及部分土工和土木工程材料试验教学用仪器设备的使用方法。各章节后附有思考题，便于读者加深对有关试验内容的理解。

本书可作为高等学校土木工程、水利工程等专业的试验指导教材，也可供工程技术人员参考。

为了更好地支持教学，本书作者制作了教学课件，请有需要的任课老师发送邮件至：2917266507@qq.com索取。

* * *

责任编辑：聂 伟 吉万旺 周娟华

责任校对：党 蕾

高等学校土木工程专业"十三五"系列教材
高等学校土木工程专业系列教材
土木工程基础试验指导
黄正均 主 编
刘 钰 张 栋 副主编
*
中国建筑工业出版社出版、发行（北京海淀三里河路9号）
各地新华书店、建筑书店经销
霸州市顺浩图文科技发展有限公司制版
天津安泰印刷有限公司印刷
*
开本：787×1092毫米 1/16 印张：9¾ 字数：234千字
2020年9月第一版 2020年9月第一次印刷
定价：**30.00**元（赠课件）
ISBN 978 - 7 - 112 - 25246 - 6
（36018）

前　言

土木工程是一门范围广阔、多学科交叉融合的综合性学科，实践性是其四大属性之一。因此，土木工程对试验实践的要求要强于很多其他工科学科。早期的土木工程是通过工程实践，总结成功的经验，尤其是失败的教训发展起来的。近代力学的发展促进了土木工程从经验向科学的发展。因此，材料力学、结构力学、岩体力学和土力学等成了土木工程的基础理论学科。本书根据《高等学校土木工程本科指导性专业规范》并结合建筑材料、土工试验等国家及行业标准编写。

本书共分为6章，主要包括土木工程材料、土力学和地基基础相关的试验内容，其中土木工程材料涉及水泥、砂、石集料、混凝土拌合物、砂浆、砌体砖、沥青、防水卷材和建筑钢筋8大种类材料有关的性能指标试验；土力学和地基基础方向涉及土样制备、土的物理性质指标、力学性质指标、颗粒分析、土的工程分类以及部分原位试验。本书以土工击实试验和砂浆配合比设计试验作为综合试验，提出了综合性、设计性试验的思路和方法。此外，本书还介绍了实验室基本知识以及常见的试验数据分析及处理方法等内容。本书内容覆盖了《高等学校土木工程本科指导性专业规范》要求的土木工程材料和土力学及地基基础有关的核心实践单元和知识技能点，结合土木工程专业认证要求和工作中经常遇到的有关检测项目，对该两部分内容进行了介绍。通过学习基本的试验数据处理方法，可为其他专业试验或检测工作打下基础。本书可作为高校土建类专业试验实践教材。通过学习本书能够夯实专业基础知识，拓宽知识面，培养动手实践和团队协作等能力，提高安全意识。

本书由北京科技大学土木与资源工程学院土木实验室黄正均、刘钰、张栋、梁薇编写，其中黄正均编写第1、3章，梁薇编写第2章，刘钰编写第4章，张栋编写第5、6章，附录由刘钰整理，全书由黄正均负责统稿。此外，特别感谢北京科技大学土木实验室退休教师王宝学教授和杨同高级工程师对编写工作的支持与帮助；感谢北京科技大学土木工程系刘娟红教授、中国地质大学（北京）姚磊华教授对本书提出了宝贵意见。

由于土木工程行业发展迅速，学科知识点更新频繁，相关试验检测标准、规范更新较快，加之编者水平有限，书中难免有疏漏不当之处，敬请广大读者批评指正。

编　者

2020年2月

目　　录

第1章 绪 论

1.1 土木工程试验目的及意义

土木工程是建造各类工程设施相关科学技术的统称，是一门多学科交叉融合的综合性学科，同时也是一门实践性很强的学科。它既要求学生具有扎实的数理化等自然科学基础知识，较好的法律、经济、管理等人文社会科学知识和综合运用能力，更要求熟练掌握力学、地质学、机械、制图以及建筑材料、结构设计、工程施工、项目管理等专业理论知识，还特别要求具有丰富的实践经验和较强的动手能力。土木工程试验以培养人才具备土木工程专业基础理论知识与现场实践经验的能力为目的，主要包括材料试验、地质试验、土力学试验、地基基础试验、结构试验等专业试验。

熟练掌握土木工程试验的有关知识，可以通过试验培养学生科学试验的能力，形成严谨求实的科学态度；通过分析试验结果及其影响因素，巩固和丰富理论知识，提高分析及解决实际工程问题的能力，达到培养学生试验操作能力的目的。同时，还可锻炼学生综合运用所学知识进行工程设计、试验检测等实践操作，为其今后的学习和工作奠定良好的专业基础。

1.2 土木工程试验方法及其分类

土木工程试验与其他工科试验一样，都需要用到数学、力学、物理、化学、电工电子、计算机、信息技术等多个学科的基础知识，其试验方法根据所采用学科知识和方法的不同，通常可分为观测法、数学计算分析法、物理模拟分析法、力学加载测试法、计算机模拟试验法、电测法分析等。

土木工程试验可以根据试验对象、试验目的、试验场所、试样是否破坏、荷载性质、试验时间等不同的因素进行分类。土木工程试验可以分为研究性试验和检测性试验；材料试验和结构试验；物理性质试验、力学性质试验和水理性质试验；室内试验和现场试验；实体试验和模拟试验；破坏性试验和非破坏性试验；静力试验和动力试验；短期试验和长期试验等。具体分类方法如下：

（1）根据试验对象不同，土木工程试验可以分为材料试验和结构试验，如水泥、混凝土等建材试验均为材料试验；土力学试验、岩石力学试验等以土壤、岩石为对象的试验项目，也可归为材料试验。结构试验包括钢结构、混凝土结构、砌体结构等各种结构类型的试验项目。材料试验以各种土木工程中所涉及的材料为对象，采用各种试验设备、工具和仪器，以验证或检测材料的各项性能指标，为土木工程材料选用、场地选址、工程设计和施工提供重要依据。结构试验指以结构物为对象，利用各种设备工具以及不同技术手段，测量结构构件的各项工作性能参数、实际破坏形态等，评定结构的强度、刚度、承载力及稳定性，为工程设计施工提供理论依据。此外，还可根据试验对象是否具有实体，可分为实体试验和模拟试验，如各项土木工程材料试验均为实体试验，而结构试验中既有实体试验，也有模拟试验。模拟试验还可分为物理模拟试验和数值模拟试验，前者具有实体试验对象，因此也可归为实体试验。

（2）根据试验目的不同，土木工程试验可分为研究性试验和检测性试验。研究性试验具有研究、探索和创新的性质，目的在于验证材料或结构设计的某些理论，或验证各种科学理论的判断、推定、假设和概念的正确性，或探索创新一些新的材料、新的结构体系、设计理论或施工工艺等。检测性试验的对象一般具有具体的工程对象或实际应用，其目的是通过试验检验材料或结构构件是否符合设计、施工规范的要求，并作出合格与否的技术性检测结论。

（3）根据性质指标不同，土木工程试验又可分为物理性质试验、力学性质试验和水理性质试验。其中物理性质试验的对象本身具有的，不随外界条件改变而改变的性质，如密度、含水率、吸水率、颗粒密度、孔隙率等。力学性质试验指需要外力加载作用而获得指标的试验项目，如抗压强度、抗拉强度、抗剪强度和变形特性等试验。水理性质试验指材料或结构在水的作用或环境下所表现出来的性能指标测试，如饱和试验、渗透性试验等。

（4）根据试验场所，土木工程试验可以分为室内试验和现场试验。室内试验指在专门的实验室内进行的各项试验。现场试验指在工程现场针对材料或结构进行的现场检测测试类试验。

（5）根据试验对象是否发生破坏，土木工程试验可分为破坏性试验和非破坏性试验。破坏性试验指需要借助外部设备或条件，破坏试验对象组分、结构等的试验项目，如颗粒密度试验、各类力学性质试验等几乎均为破坏性试验。非破坏性试验指不需要破坏对象原状即可获得指标的试验项目，如密度试验、外观检测等。

（6）根据荷载性质土木工程试验可分为静力试验和动力试验。静力试验指对材料或结构进行静态加载，以获取其强度、变形参数等指标的试验，如无侧限压缩试验、单轴抗压强度试验等。动力试验指动态周期荷载作用下获取对象的有关强度、变形等力学指标的试验项目，如材料疲劳试验、结构地震模拟试验等。

（7）根据试验时间长短，土木工程试验可分为短期试验和长期试验，如密度试验、筛分试验、强度试验等均为短期试验，而如疲劳试验、冻融试验、碳化试验、风化试验等皆为长期试验。

1.3　土木工程基础试验内容及要求

土木工程是一门实践性很强的综合性学科，其对试验实践的要求和试验项目种类繁多。但根据《高等学校土木工程本科指导性专业规范》对专业各学科设置的要求，以及土木工程专业的特点，通常将土木工程材料、土力学以及混凝土结构3门课程作为土木工程专业的三大基础课程。因此，土木工程基础试验也可认为包含土木工程材料、土力学和混凝土结构三个方向的试验内容。

土木工程材料试验或建筑材料试验主要为土木工程专业相关的各类材料的物理、力学、水理及工艺性能等试验项目，如水泥、沥青等胶凝材料的有关性质试验，砂、石集料性能试验，砌体砖、混凝土、木材、砂浆、钢材等性能试验。土力学及地基基础试验包括土力学有关的基础室内试验，以及现场原位检测试验等，如土的物理、力学性质指标试验、土的工程分类等试验；原位试验包括静力载荷试验、静力触探和动力触探试验、十字板剪切试验等。混凝土结构试验包括钢筋混凝土受弯构件正截面承载力试验和钢筋混凝土受弯构件斜截面承载力试验等。

　　土木工程基础试验与其他土木工程专业试验一样，也是一门理论联系实际的专业实践类课程，其主要是通过试验这一实践性教学环节，让学生到实验室进行现场试验操作，同时辅以了解常见的现场原位试验，以及适当的综合设计类试验，以达到理论与实践相结合，增强感性认识，提高动手能力，培养学生质量检测和控制的能力。该课程要求学生在试验操作及学习过程中，熟练掌握各项试验的原理及方法，熟悉各种仪器设备的使用，正确实施试验操作和准确分析试验结果，以及撰写试验报告。同时，还要培养学生独立思考和团队协作的能力，以及了解操作安全、环境安全、设备安全等试验安全的要求，加强安全隐患意识，为进一步学习及工作奠定基础。

第2章　实验室基本知识

2.1　实验室学生守则及安全要求

2.1.1　实验室学生守则

土木工程基础试验是系统训练学生土木工程专业基础试验基本技能、培养学生实际动手能力的实践教学环节。通过试验教学，同学们可以理论联系实际，巩固加深课堂所学知识，熟练掌握操作常规仪器，培养学生良好的试验习惯和试验作风，全面提高学生的专业素质。为保证试验教学的顺利进行，学生在进入各专业试验室进行试验操作时，必须遵守以下规则：

（1）遵守实验室各项规章制度，服从实验室教师的管理；

（2）第一次进实验室前自行接受必要的安全教育；

（3）试验过程中需切实注意机械、化学品及用电安全；

（4）不可向他人转借实验室和仪器的使用权；

（5）不得在实验室进食、吸烟、嬉戏，或从事娱乐活动；

（6）进入实验室必须按照要求着装（不得穿短裙、短裤、拖鞋、高跟鞋等）；

（7）未经许可不准私自借用或配制钥匙进入实验室；

（8）试验后应履行打扫实验室卫生、整理实验室的义务；

（9）离开实验室时要坚持"三关一锁"（关灯、关水、关气、锁门）。

2.1.2　实验室安全要求

常见实验室的安全要求主要包括水电安全、危险化学品及试验废弃物安全、防火安全和仪器设备使用安全等。

（1）仪器设备使用及维护

1）对于新进入实验室进行学习和试验操作的同学，首先要仔细阅读相关设备的操作规程，并在老师指导下进行操作。

2）爱护仪器设备，不准将仪器设备更换存放地点，不准私自拆卸。

3）设备操作过程中防止机械伤人，设备运行期间，必须有人值守。

4）不得私自连接插线板，不得乱拉乱接电线，不得超负荷用电。

5）大型及特种设备在使用前应登记，使用期间做好设备运行记录。

6）如有异常情况，在确保人身安全的前提下做好应急处理措施，并及时报告指导教师或实验室管理人员。

（2）注意安全用电

1）启动或关闭电器设备时，必须将开关扣严或拉妥，防止出现似接非接状况。使用仪器设备前，应先了解其性能，按操作规程操作，若电器设备发生过热现象或糊焦味时，应立即切断电源。

2）电器设备及配电装置发生故障时应及时请专人修理。不得擅自改动线路和乱接电线。

3）人员离开房间较长时间或电源中断时，要切断电源开关，尤其要注意切断加热电器设备的电源开关。

4）要警惕实验室内发生电火花或静电，如遇电线走火，应切断电源，用沙或二氧化碳灭火器灭火。

5）仪器使用完毕，要切断电源，归位。

（3）危险化学品使用及废弃物的处理

1）严禁私自购买危险化学品（参照《危险化学品目录》），领用化学品前应经过审批，领用时到实验室管理人员处登记。

2）按要求进行危险化学品的领用、用量、余量、消纳等耗用记录。

3）危险及有毒化学药品，如酸、碱、丙酮、乙醇、汽（煤）油、三氯乙烯、六偏磷酸钠等，应分类单独储存在专用试剂柜内并上锁，并做好标识。

4）试验产生的废液、废试剂和废弃试剂瓶应按要求妥善暂存，由学校安排有资质的环保公司集中处理。

5）使用强酸、强碱等腐蚀性强的药品时要注意安全，酸碱废液不能任意排放。

6）试验产生的废料及废弃样品等非危险废弃物按照要求放至指定地点，不得随意丢弃。

（4）注意安全防火

1）以防为主，杜绝火灾隐患。了解各类有关易燃易爆物品知识及消防知识。

2）实验室严禁吸烟或焚烧其他物品。发现火险隐患及时报告处理，发现火灾及时报警。

3）挥发性易燃物应在通风橱内使用。

4）实验室内的电冰箱内不能存放易燃易爆挥发性的药品，以防散逸，冰箱启动时打火造成事故。

5）按操作规程使用高压装置，防止发生爆炸事故。

6）发现不安全情况和发生事故时，应迅速采取相关措施，并及时报告实验室管理人员。

2.2　试验要求及流程

2.2.1　试验学习要求

（1）学生在每次试验前应认真预习试验指导书或参考教材，明确试验目的和要求，了解试验内容、方法、步骤和注意事项，了解试验仪器设备的结构、性能和使用方法，安排好试验顺序，写出试验提纲。

（2）尊重实验指导教师，按时到达实验室，准备试验，不得迟到、早退。保持试验课的严肃性和实验室的整洁性，室内不得到处涂写和高声喧哗。

（3）试验过程中，要集中思想，按规范操作，细心观察试验现象，及时作好试验记录，未经教师允许，不得擅自离开实验室。

（4）本着节约的原则使用试验材料，试验废料应尽量循环利用。

（5）试验结束，经教师核对试验结果后，各试验组将所用仪器设备、工具材料整理清楚，打扫室内卫生，方可离开实验室。

（6）学生应按要求整理、书写、提交试验报告，不得抄袭、复印等。

2.2.2　试验的基本流程

为了更好地实现试验教学目标，提高试验教学质量和学生的学习效率，下面简单介绍试验工作的一般程序。

（1）提出问题

根据已经掌握的知识，提出拟验证的基本概念或探索研究的问题。

（2）设计试验方案

确定试验目标后要根据试验装置、人员、测试仪器和技术能力等方面的具体情况进行试验方案设计。试验方案包括试验目的、试验装置、试验步骤、测试项目和测试方法等内容。

（3）试验操作

1）根据设计好的试验方案进行试验，按照规定要求保质保量完成试验内容。

2）试验数据分析与处理。试验数据的整理分析是试验工作的重要环节，试验人员必须经常用已掌握的基本概念分析试验数据。通过数据分析加深对基本概念的理解，并发现试验设备、操作运行、测试方法等方面的问题，以便及时解决，使试验工作顺利进行。

3）试验总结。通过试验数据的系统分析，对试验结果进行评价。试验总结的内容包括以下几方面：

① 通过试验掌握了哪些新的知识；

② 是否解决了试验提出的问题；

③ 是否证明了相关文献中的某些论点；

④ 试验结果是否可用于改进已有的工艺设备和操作运行条件或设计新的处理设备；

⑤ 当试验结果不合理时，应分析原因，提出新的试验方案。

第3章 土木工程材料试验

3.1 水泥性能试验

3.1.1 概述

水泥主要是指加水拌合后呈塑性浆体，能胶结砂、石等材料，既能在空气中硬化又能在水中硬化的粉末状水硬性胶凝材料。根据水硬性物质不同，常见的水泥种类有硅酸盐水泥、铝酸盐水泥、硫铝酸盐水泥、铁铝酸盐水泥、磷酸盐水泥等。水泥胶结砂石等骨料制成的混凝土，其硬化后不但具有高强度，还可抵抗淡水或含盐水的侵蚀，是现代社会最重要的建筑材料之一，并被广泛应用于土木建筑、交通、水利、矿业等工程建设中。

水泥性能试验主要包括水泥细度、标准稠度用水量、安定性、凝结时间、胶砂流动度和胶砂强度试验等，试验方法主要参考《水泥细度检验方法筛析法》《水泥标准稠度用水量、凝结时间、安定性检验方法》《水泥胶砂强度检验方法ISO法》等国家标准。水泥试验的规定为：

（1）同一试验用的水泥应在同一水泥厂同品种、同强度等级、同编号的水泥中取样；

（2）当试验水泥从取样至试验要保存24h以上时，应贮存在基本装满和气密的容器里，容器应不与水泥发生反应；

（3）水泥试样应充分拌匀，且用0.9mm方孔筛过筛；

（4）试验时温度应保持在20±2℃，相对湿度应不低于50%。养护箱温度为20±1℃，相对湿度不低于90%。试体养护池水温度应在20±1℃范围内；

（5）试验用水必须是洁净的淡水。水泥试样、标准砂、拌合用水及试模等的温度应与实验室温度相同。

3.1.2 水泥细度测定

1.试验原理及目的

水泥细度检验方法主要有负压筛法、水筛法和干筛法三种。当三种检验方法的测试结果发生争议时，以负压筛法为准。本书主要针对负压筛法进行详细介绍。采用80μm筛对水泥试样进行筛析试验，用筛网上所得筛余物的质量占试样原始质量的百分数来表示水泥样品的细度。学习本试验的主要目的包括：

（1）了解水泥细度的测试方法和检验技能；

（2）掌握负压筛法测定水泥细度的方法，熟悉仪器设备的使用，并评价试验用水泥细度是否达到标准要求。

2.主要仪器设备

（1）负压筛析仪：其由筛座、负压筛、负压源及收尘器组成，如图3-1所示；

图3-1 水泥负压筛析仪

（2）天平（最大称量100g，分度值不大于0.05g）；

（3）毛刷、瓷盘等。

3.试验步骤

负压筛法测定水泥细度试验的主要操作步骤如下：

（1）筛析试验前，应把负压筛放在筛座上，盖上筛盖，接通电源，检查控制系统，调节负压至4000~6000Pa范围内；

（2）称取试样25g，置于洁净的负压筛中，盖上筛盖，放在筛座上，开动筛析仪连续筛析2min。在此期间如有试样附着在筛盖上，可轻轻敲击，使试样落下；

（3）筛毕，用毛刷将筛上水泥清理干净，用天平称量筛余物，精确至0.05g；

（4）当工作负压小于4000Pa时，应清理收尘器内水泥，使负压恢复正常。

4.试验结果计算

水泥试样筛余百分数按式（3-1）计算（结果要求精确至0.1%），记录表见表3-1。

$$F = \frac{R_s}{m} \times 100\% \tag{3-1}$$

式中　F——水泥试样的筛余百分数，%；

　　　R_s——水泥筛余物质量，g；

　　　m——水泥试样的质量，g。

水泥细度的测定记录表　　　　　　　　　　表3-1

编号	试样质量(g)	筛余量(g)	筛余百分数(%)	备注

3.1.3　水泥标准稠度用水量测定

1.试验目的

（1）掌握水泥标准稠度用水量的测定方法与技能；

（2）测定标准稠度用水量，为凝结时间、安定性测定提供参数，并熟悉维卡仪的使用。

2.主要仪器设备

（1）水泥净浆搅拌机；

（2）标准稠度与凝结时间测定仪（维卡仪），如图3-2所示；

（3）标准稠度测定试杆：有效长度50±1mm、直径10±0.5mm的圆柱形金属棒；

（4）水泥净浆试模：深为40±0.2mm、顶内径65±0.5mm、底内径75±0.5mm的耐腐蚀金属圆台体，每个试模配一块大于试模底径、厚度大于等于2.5mm的平板玻璃板；

（5）量筒、天平等。

3.试验步骤

标准稠度用水量可用调整水量和固定水量两种方法中的任一种测量，如发生争议时以调整水量方法为准。

（1）试验前须检查

① 维卡仪金属棒能否自由滑动；

② 试锥降至试模顶面位置时，指针应对准标尺零点；

③ 搅拌机运转是否正常等。

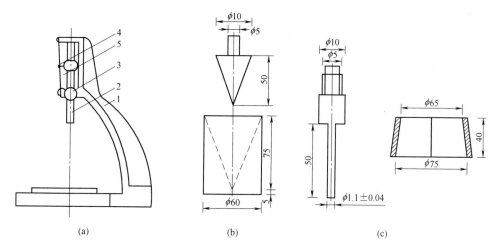

图3-2 标准稠度与凝结时间测定仪示意图（单位：mm）

（a）试针支架；（b）试锥和锥模；（c）试针和圆模

1—铁座；2—金属圆棒；3—松紧螺栓；4—指针；5—标尺

（2）水泥净浆的拌制

① 用天平称取500g水泥备用，精确至0.01g；

② 采用调整水量法时，拌合水量按经验取值（143mL）。采用固定水量法时，拌合水量用142.5mL，水量准确至0.5mL；

③ 拌合前，需用湿布擦拭搅拌锅和搅拌叶片；

④ 拌合时，将称量的水泥试样倒入搅拌锅，先将锅放到搅拌机锅座上，上升到搅拌位置并锁定，开动机器；同时徐徐加入拌合用水，慢速搅拌120s，停拌15s，接着快速搅拌120s后停机。

（3）标准稠度测定

① 拌合结束后，立即将拌好的净浆装入锥模内（底部垫上玻璃板），用小刀插捣、振动数次，刮去多余净浆并抹平；

② 将试模迅速放到试锥下面固定位置上，将试杆降至净浆表面，拧紧螺栓；然后突然松开，让试杆自由沉入净浆中，到试杆停止下沉时记录试杆下沉深度；

③ 整个操作应在搅拌后1.5min内完成。

4.试验结果计算

标准稠度用水量试验记录见表3-2。

用调整水量法测定时，以试杆沉入净浆深度34±1mm时水泥净浆的用水量为标准稠度用水量。如下沉深度超出范围，须另称试样，调整水量，重新试验，直至达到34±1mm时为止。其拌合水量即为该水泥的标准稠度用水量（P），按水泥质量的百分比计。

用固定水量法时，根据测得的试锥下沉深度S（mm），按式（3-2）（或仪器上对应标尺）计算得到标准稠度用水量P：

$$P = 33.4 - 0.185S \qquad (3-2)$$

当试锥下沉深度小于13mm时，应改用调整水量法测定。

	水泥标准稠度用水量测试记录表			表3-2

编号	试样质量(g)	固定用水量用水(mL)	下沉深度(mm)	标准稠度用水量(mL)

室温：　　℃；　相对湿度：　　%

3.1.4　水泥凝结时间测定

1.试验目的

（1）掌握水泥凝结时间的测定方法与检验技能；

（2）测定水泥初终凝时间，检验所用水泥的凝结时间是否符合标准要求。

2.主要仪器设备

（1）水泥净浆搅拌机和标准稠度与凝结时间测定仪同3.1.3节；

（2）测定初终凝时间用试针：初凝针（有效长度50±1mm）、终凝针（有效长度30±1mm）、直径1.13±0.05mm的圆柱形金属棒，终凝针末端带一环形附件；

（3）水泥净浆试模，同标准稠度用水量用试模；

（4）湿气养护箱、量筒、天平等。

3.试验步骤

（1）测定前，将圆模放在玻璃板上。调整凝结时间测定仪，使试针接触玻璃板时，指针对准标尺零点。

（2）称取水泥试样500g（精确至0.01g），以标准稠度用水量拌制水泥净浆，并立即将净浆一次装入圆模，振动数次后刮平，然后放入养护箱内。记录开始加水的时间为凝结时间的起始时间。

（3）试件在湿气养护箱中养护至加水后30min时进行第一次测定。

测定时，从养护箱中取出圆模放到试针下，使试针与净浆面接触，拧紧螺栓，1~2s后突然松开，试针垂直自由沉入净浆，观察试针停止下沉或释放后30s时指针读数。

（4）当初凝针沉入净浆36±1mm时，水泥达到初凝状态。

（5）当终凝针下沉不超过1~0.5mm时为水泥达到终凝状态。

测定时应注意：在最初测定操作时应轻扶金属棒，使其徐徐下降，以防试针撞弯。但测定结果应以自由下落为准；整个测试过程中试针贯入位置至少要距试模内壁10mm。临近初凝时，每隔5min测定一次，临近终凝时每隔15min测定一次，到达初凝或终凝状态时应立即重复测定一次。每次测定不得让试针落入原针孔。每次测试完毕须将试针擦净，并将圆模放回养护箱内。整个测定过程中要防止圆模受振动影响。

4.试验结果

（1）由开始加水至初凝、终凝状态的时间分别为该水泥的初凝时间和终凝时间，用小时（h）或分（min）来表示。

（2）凝结时间的测定可以用人工测定，也可用符合标准要求的自动凝结时间测定仪测定。

3.1.5　水泥安定性检验

1.试验目的

（1）了解水泥安定性检验的方法与技能；

（2）通过测定沸煮后标准稠度水泥净浆的体积和外形变化程度，评定水泥体积安定性；

（3）了解雷氏夹、膨胀仪等仪器设备的使用方法。

2.主要仪器设备

（1）沸煮箱：有效容积为410mm×240mm×310mm。篦板结构应不影响试验结果，篦板与加热器之间的距离大于50mm，箱的内层由不易锈蚀的金属材料制成。能在30±5min内将箱内的试验用水由室温升至沸腾，并可保持沸腾状态3h以上，整个试验过程中不需补充水量；

（2）雷氏夹：由铜质材料制成，当一根指针的根部先悬挂在一根金属丝或尼龙丝上，另一根指针的根部再挂上300g的砝码时，两根指针的针尖距离增加应在17.5±2.5mm范围内，当去掉砝码后针尖的距离能恢复到挂砝码前的状态；

（3）雷氏夹膨胀测定仪，标尺最小刻度为1mm；

（4）净浆搅拌机；

（5）量筒、天平等。

3.试验步骤

测定方法可以用试饼法，也可用雷氏法，有争议时以雷氏法为准。试饼法是以观察水泥净浆试饼沸煮后的外形变化来检验水泥的体积安定性。雷氏法是以测定水泥净浆在雷氏夹中沸煮后的膨胀值来检验其安定性。

（1）水泥标准稠度净浆的制备

以标准稠度用水量拌制水泥净浆。

（2）试件的制备

采用雷氏法时，将预先准备好的雷氏夹放在已擦油的玻璃板上，并立刻将已制好的标准稠度水泥净浆装满试模，装模时一只手轻轻扶持试模，另一只手用宽约10mm的小刀插捣15次左右，然后抹平。盖上稍涂油的玻璃板，接着立刻将试模移至养护箱内养护24±2h。

（3）沸煮

拿掉玻璃板，取下试件。

采用雷氏法时，先测量试件指针尖端间的距离（A），精确到0.5mm。接着将试件放入养护箱的水中篦板上，指针朝上，试件之间互不交叉，然后在30±5min内加热至沸腾，并恒沸3h±5min。

采用试饼法时，先检查试饼是否完整（如已开裂翘曲，要检查原因，确认无外因时，试饼已属不合格，不必沸煮）。在试饼无缺陷的情况下，将试饼放在沸煮箱的水中篦板上，然后在30±5min内加热至沸腾，并恒沸3h±5min。

4.试验结果计算

沸煮结束后，即放掉箱中热水，打开箱盖，待箱体冷却至室温，取出试件进行判别。

若为雷氏夹，测量试件指针尖端距离（C），结果至小数点后1位，当两个试件煮后增加距离（C—A）的平均值不大于5.0mm时，即认为该水泥安定性合格，当两个试件的（C—A）值相差超过4.0mm时，应用同一样品立即重做一次试验。

若为试饼，目测未发现裂缝，用直尺检查也没有弯曲的试饼的安定性为合格。当两个试饼判别结果矛盾时，该水泥的安定性为不合格。

3.1.6 水泥胶砂流动度测定

1.试验目的

水泥胶砂流动度反映水泥的可塑性。本试验的目的主要是：掌握水泥胶砂流动度测定方法，以及学习相应仪器设备的使用。

2.主要仪器设备

（1）水泥胶砂流动度测定仪（图3-3）。

（2）水泥胶砂搅拌机（图3-4）。

（3）量筒、天平等。

图3-3　水泥胶砂流动度测定仪

图3-4　水泥胶砂搅拌机

3.试验步骤

（1）胶砂制备

1）配合比：胶砂配合比采用质量比，具体为水泥∶标准砂∶水=1∶2.5∶0.5，即每次试验称量水泥540g，标准砂1350g，拌合用水270mL。

2）搅拌：

① 用湿布擦拭搅拌锅和搅拌机上的叶片。

② 将水泥放入搅拌锅内，并将锅固定在搅拌机架子上，上升至固定位置并锁定。

③ 开机，徐徐加水，低速搅拌30s后，第2个30s开始的同时，均匀加入标准砂，当各级砂分装时，应从最粗的开始，依次将所需各级砂加完。

④ 调至高速搅拌30s，停止搅拌90s后，再高速搅拌60s。

（2）水泥胶砂流动度测定

① 使用前用湿布擦拭好流动度仪的圆盘平面、圆形试模、模套及捣棒，并放在中间位置。

② 将搅拌好的水泥胶砂分两层装入试模内，第一层装至2/3高度，用小刀在垂直两个方向分别划实10余次，再用捣棒自边缘沿中心均匀捣压15次；接着装入第二层胶砂，至高出试模2cm，同样用小刀划实10余次，再用捣棒自边缘沿中心均匀捣压10次。注意：装模和捣压时用手扶住试模保持不动。

③ 捣压完后，取下模套，用刮刀刮平，再将圆形试模垂直向上轻轻提起，并开启流动度仪（跳桌），以每秒1次的速度振动25次。

④ 振动结束后，用卡尺测量水泥胶砂底部扩散的直径，取相互垂直两个方向的平均值为其胶砂流动度。

4.试验结果计算

水泥胶砂流动度按式（3-3）计算（结果精确值0.1mm），试验记录表见表3-3。

$$D = \frac{d_1 + d_2}{2} \tag{3-3}$$

式中　D——水泥胶砂的流动度，mm；

d_1、d_2——垂直两个方向直径，mm。

水泥胶砂流动度测试记录表　　　　　　　　表3-3

编号	胶砂质量配比	扩散直径d_1(mm)	扩散直径d_2(mm)	胶砂流动度(mm)

3.1.7　水泥胶砂强度试验

1.试验目的

（1）掌握水泥胶砂抗压、抗折强度的试验方法与技能；

（2）学习了解压力试验机、抗折试验机的使用方法。

2.主要仪器设备

（1）水泥胶砂搅拌机；

（2）水泥胶砂试体成型振实台（图3-5）：由可以跳动的台盘和使其跳动的凸轮等组成。振实台的振幅为15±0.3mm，振动频率60次/(60±2s)；

（3）试模：为可拆卸的三联模，由隔板、端板、底座等组成。模槽内腔尺寸为40mm×40mm×160mm，三边应互相垂直；

（4）电动抗折试验机（图3-6）：一般采用杠杆比值为1∶50的电动抗折试验机。抗折夹具的加荷与支撑圆柱直径应为10±0.1mm，两个支撑圆柱中心距离为100±0.2mm；

（5）压力试验机：液压控制万能试验机，量程需满足预期荷载在其满量程的20%~80%之间，精度±0.5%；

（6）抗压夹具：由硬质钢材制成，上、下压板长40±0.1mm，宽不小于40mm，加压面必须磨平。

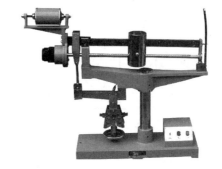

图3-5　水泥胶砂试体成型振实台　　　　图3-6　电动抗折试验机

3.试验步骤

（1）试件成型

1）成型前将试模擦净，四周的模板与底座的接触面上应刷黄油，紧密装配，防止漏浆，内壁均匀刷一薄层机油。

2）水泥与标准砂的质量比为1∶3，水灰比为0.5。每成型三条试件需要称量水泥450g，标准砂1350g，拌合用水量225g。

3）搅拌时先将水加入锅里，再加入水泥，把锅放在固定架上，上升至固定位置并锁定。然后立即开动机器，低速搅拌30s后，在第2个30s开始的同时均匀地加入标准砂。将机器转至高速再拌30s。停拌90s，在第1个15s内用一胶皮刮具将叶片和锅壁上的胶砂刮入锅中间。在高速下继续搅拌60s。各搅拌阶段，时间误差应在±1s以内。

4）在搅拌胶砂的同时，将试模和模套固定在振实台上。用一个适当的勺子直接从搅拌锅里将胶砂分两层装入试模，装第一层时，每个槽里约放300g胶砂，用大拨料器垂直架在模套顶部，沿每个模槽来回一次将料层拨平，接着振实60次。再装第二层胶砂，用小拨料器拨平，再振实60次。移走模套，从振实台上取下试模，用一金属直尺以近似90°的角度架在试模顶部的一端，然后沿试模长度方向以横向锯割动作慢慢向另一端移动，一次将超过试模部分的胶砂刮去，并用同一直尺在近乎水平的情况下将试体表面抹平。

5）在试模上做标记或加字条标明试件编号和试件相对于振实台的位置。

（2）试件养护

1）将做好标记的试模放入雾室或湿箱的水平架子上养护，湿空气应能与试模各边接触。一直养护到规定的脱模时间（对于24h龄期的，应在试验前20min内脱模，对于24h以上龄期的应在成型后20~24h之间脱模）时取出脱模。脱模前用防水墨汁或颜料笔对试体进行编号和做其他标记。两个龄期以上的试体，在编号时应将同一试模中的三条试体分在两个以上龄期内。

2）将做好标记的试件立即水平或竖直放在20±1℃水中养护，水平放置时刮平面应朝上。养护期间试件之间间隔或试体上表面的水深不得小于5mm。

（3）强度试验

各龄期的试件必须在下列时间内进行强度试验：

24h±15min；48h±30min；72h±45min；7d±2h；大于28d+8h。

注意：试件从水中取出后，在强度试验前应用湿布覆盖。

1）抗折强度试验

将试体一个侧面放在试验机支撑圆柱上，试体长轴垂直于支撑圆柱，通过加荷圆柱以50±10N/s的速率均匀地将荷载垂直地加在棱柱体相对侧面上，直至折断。试验原理如图3-7所示。

保持两个半截棱柱体处于潮湿状态直至抗压试验进行前。

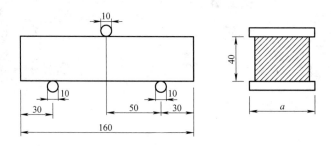

图3-7 抗折强度测定示意图（mm）

2）抗压强度试验

抗折强度试验后的两个断块应立即进行抗压试验。抗压强度试验须用抗压夹具进行，在整个加荷过程中以2400±200N/s的速率均匀地加荷，直至试件破坏。

4.试验结果计算

抗折强度 R_f 按式（3-4）计算（精确至0.1MPa）：

$$R_f = \frac{1.5 F_f L}{b^3} \tag{3-4}$$

式中 F_f——破坏荷载，N；

L——支撑圆柱中心距，mm；

b——棱柱体正方形截面的边长，mm。

以3个试件测定值的算术平均值为抗折强度的测定结果，计算精确至0.1MPa。当3个强度值中有超出平均值±10%时，应剔除后再取平均值作为抗折强度试验结果。

抗压强度 R_c 按式（3-5）计算（精确至0.1MPa）：

$$R_c = \frac{F_c}{A} \tag{3-5}$$

式中 F_c——破坏荷载，N；

A——受压面积，40mm×40mm。

以1组3个棱柱体上得到的6个抗压强度测定值的算术平均值为试验结果。如6个测定值中有1个超出6个平均值的±10%，剔除这个结果，以剩下5个的平均值为试验结果。如果5个测定值中再有超过它们平均值±10%的，则此组结果作废。记录表格见表3-4~表3-6。

试件配比记录表　　　　　　　　　　　　　　　　　表3-4

成型三个试件所需材料用量		
水泥(g)	标准砂(g)	水(mL)

水泥胶砂抗折强度测试记录表　　　　　　　　　　表3-5

试件编号	试件尺寸(mm)			试验结果		平均值(MPa)
	跨度 L	宽 b	高 h	破坏荷载(kN)	抗折强度(MPa)	
1						
2						
3						

水泥胶砂抗压强度测试记录表　　　　　　　　　　表3-6

试件编号	受力面积(mm²)	试验结果		备注(注明剔除及特殊情况)
		破坏荷载(kN)	抗压强度(MPa)	
1				(1)3个试件强度平均值____MPa
2				
3				(2)试件____强度超平均值____%,应剔除
4				
5				(3)该组抗压强度结果作废(在该编号上打"√")
6				

3.1.8 思考题

1.水泥细度的检验方法有哪些？哪种方法最具有代表性或权威性？

2.水泥初、终凝时间的测试方法有什么不同？

3.水泥标准稠度用水量的试验方法有哪些？分别有什么区别？

4.水泥安定性的试验方法和原理是什么？

5.试述水泥净浆搅拌机和水泥胶砂搅拌机的区别和用途。

6.水泥胶砂配比是采用质量比还是体积比？简述其搅拌要点。

7.水泥胶砂强度中抗折强度和抗压强度的试件是否需要同一批制作完成？其试验结果取值方法是什么？

3.2 砂、石集料试验

3.2.1 概述

集料与胶凝材料共同作用组成混凝土材料，其中集料在其中起骨架或填充作用，通常为颗粒状松散材料。根据集料颗粒大小，分为粗集料和细集料，其中粗集料包括碎石、卵石等，细集料包括粗中细砂、粉煤灰等。

粒径小于4.75mm以下的为细集料，主要为"砂"。根据生产来源不同可分为天然砂、人工砂。天然砂指经自然风化、河流搬运、堆积形成的粒径小于4.75mm的岩石颗粒，但不包括软质岩、风化岩石的颗粒，包括河砂、湖砂、山砂和海砂。人工砂是经过去土处理的机制砂、混合砂的统称。粒径大于4.75mm以上的为粗集料，常见的有碎石和卵石两种。碎石是天然岩石或岩石经机械破碎、筛分制成的粒径大于4.75mm以上的岩石颗粒；卵石指经自然风化、河流搬运和堆积而成的粒径大于4.75mm以上岩石颗粒。

建筑用砂、石集料在实际工程应用前均需进行相应的性能试验检验，以满足相应的国家、行业标准和工程设计要求。细集料试验主要包括细度模数、石粉含量、泥块含量、云母含量、坚固性、堆积密度、表观密度、含水率、吸水率等；粗集料试验主要包括针片状颗粒含量、含泥量、泥块含量、含水率、吸水率和压碎值指标等。由于砂石集料涉及的试验种类较多，且不同行业标准有不同的要求，受篇幅所限，本书砂、石集料试验内容主要为部分常见的试验方法，包括筛分析、表观密度、堆积密度、含水率、吸水率、含泥量、泥块含量等，试验方法主要参考《普通混凝土用砂、石质量及检验方法标准》JGJ 52—2006等行业标准。

3.2.2 砂的筛分析试验

1.试验目的

（1）掌握砂的筛分析试验方法与操作步骤；

（2）通过筛分析计算试验用砂的细度模数，绘制筛分曲线，并评价试验用砂的种类、级配等。

2.主要仪器设备

（1）试验筛（图3-8）：试验用筛为孔径为10、5、2.5、1.25、0.63、0.315、0.16mm的方孔筛，以及筛的底盘和筛盖各一个；

（2）天平：称量1000g，感量1g；

（3）摇筛机（图3-9）；

（4）烘箱：能使温度控制在105±5℃；

（5）浅盘和硬、软毛刷等。

图3-8　试验筛

图3-9　摇筛机

3.试验步骤

（1）先用10mm孔径的筛子筛除大于10mm的颗粒，并记录其筛余百分率。

（2）然后用四分法缩分为3份试样，每份不少于550g，在105±5℃下烘干至恒重，冷却至室温备用。

（3）准确称取烘干试样500g。同时检查套筛的筛子孔径顺序，从上往下孔径依次减小。

（4）将称量好的试样置于码放好顺序的套筛的最上一只筛上。将套筛装入摇筛机内并紧固，摇筛2min。然后取出套筛，按筛孔大小顺序，在清洁的浅盘上逐个进行手筛，直至每分钟的筛出量不超过试样总量的0.1%时为止，通过的颗粒并入下一个筛中。按此顺序进行，直至每个筛子全部筛完为止。

（5）称量各号筛的筛余试样（精确至1g），所有各筛的分计筛余量和底盘中剩余量的总和与筛分前的试样总量相比，其差不得超过试样总量的1%，否则须重做试验。

4.试验结果计算

（1）分计筛余百分率为各号筛上的筛余量除以试样总量的百分率，精确至0.1%。

（2）累计筛余百分率为该号筛上的分计筛余百分率与大于该筛的各筛上的分计筛余百分率之总和，精确至1.0%。

（3）根据各筛的累计筛余百分率评定该试样的颗粒级配分布情况。

（4）按式（3-6）计算细度模数 M_x（精确至0.01）：

$$M_x = \frac{(A_2 + A_3 + A_4 + A_5 + A_6) - 5A_1}{100 - A_1} \tag{3-6}$$

式中　$A_1 \cdots A_6$——分别为5.0……0.16mm各筛上的累计筛余百分率。

（5）筛分试验应做两次平行试验，并以试验结果的算术平均值作为测定值（精确至0.1），试验记录见表3-7。

砂的筛分析试验记录表 表3-7

筛孔尺寸(mm)	筛余砂样重量(g)	分计筛余百分率(%)	累计筛余百分率(%)
5.0			
2.5			
1.25			
0.63			
0.315			
0.16			
底盘			

根据筛分试验结果，在图3-10绘制出该试验砂样的级配曲线（用粗实线），以及该试验砂样所属级配区范围曲线（用粗虚线）。

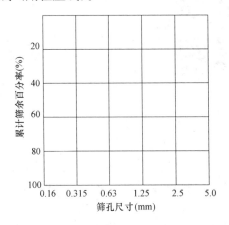

图3-10 试验砂样的级配曲线

3.2.3 砂的表观密度试验

1.试验目的

掌握砂的表观密度的试验方法并测定，为后续试验提供所需参数。

2.主要仪器设备

（1）天平：称量1000g，感量1g；

（2）容量瓶（500mL）、烧杯（500mL）、量筒（100mL）；

（3）烘箱（图3-11）：能使温度控制在105±5℃。

3.试验步骤

图3-11 烘箱

将缩分至约650g的试样在105±5℃烘箱中烘干至恒重，并在干燥器内冷却至室温备用。实验室温度应控制在20~25℃。

（1）称取烘干试样300g（m_0），装入盛有半瓶冷开水的容量瓶中，摇转容量瓶使试样在水中充分搅动以排除气泡，塞紧瓶塞。

（2）静置24h后打开瓶塞，用滴管添水使水面与瓶颈刻度线平齐，塞紧瓶塞，擦干瓶外水分，称其质量m_1（g）。

（3）倒出瓶中的水和试样，洗净瓶内外，再注入与步骤

（2）水温相差不超过2℃的冷开水至瓶颈刻度线，塞紧瓶塞，擦干瓶外水分，称其质量m_2（g）。

4.试验结果计算

按式（3-7）计算表观密度ρ_0（精确至0.01g/cm³）：

$$\rho_0 = \frac{m_0}{m_0 + m_2 - m_1} \tag{3-7}$$

式中　ρ_0——砂的表观密度，g/cm³；

　　　m_0——烘干试验砂的质量，g；

　　　m_1——水、砂样及容量瓶的总质量，g；

　　　m_2——水及容量瓶的总质量，g。

以两次测定结果的平均值为试验结果，精确至0.01g/cm³，如两次测定结果的误差大于0.02 g/cm³，应重新取样进行试验，见表3-8。

砂的表观密度试验记录表　　　　　　　　　　　　　表3-8

试验次数	干砂试样质量m_0(g)	水+容量瓶质量m_2(g)	砂+水+容量瓶质量m_1(g)	表观密度ρ_0(g/cm³)
1				
2				
表观密度平均值(g/cm³)				

3.2.4　砂的堆积密度与紧密密度试验

1.试验目的

（1）掌握砂的堆积密度的测定方法及操作步骤；

（2）测定不同堆积状态下砂的堆积密度（堆积和紧密），并计算空隙率。

2.主要仪器设备

（1）台秤：称量5kg，感量5g；

（2）容量筒：圆柱形金属制筒，容积1L；

（3）烘箱、漏斗、料勺、直尺、浅盘等。

3.试验步骤

取缩分试样约3kg，在105±5℃的烘箱中烘干至恒重，取出冷却至室温，用5mm孔径的筛子过筛，分成大致相等的两份备用。

（1）堆积密度

1）称容量筒质量m_1（kg）；

2）用料勺或漏斗将试样徐徐装入容量筒内，漏斗出料口距容量筒口不应超过5cm，直到试样装满超出筒口成锥形为止；用直尺将多余的试样沿筒口中心线向两个相反方向刮平，称其质量m_2（kg）。

（2）紧密密度

1）称容量筒质量m_1（kg）；

2）取一份试样分两次装入容量筒。第一层装入后，在筒底垫一根直径10mm的圆钢，将筒按住，左右交替打击地面各25下；然后装入第二层，方法同第一层一样（注意圆钢放置方向与第一次相互垂直），最后加满至超过筒口。用直尺将多余的试样沿筒口中心线向两个相反方向刮平，称其质量m_2（kg）。

4.试验结果计算

（1）按式（3-8）计算砂的堆积密度 ρ_L 或 ρ_c（精确至 $10kg/m^3$）：

$$\rho_L \text{或} \rho_c = \frac{m_2 - m_1}{V} \tag{3-8}$$

式中　ρ_L，ρ_c——分别为堆积密度、紧密密度，kg/m^3；

　　　m_1——容量筒质量，g；

　　　m_2——容量筒和试样总质量，g；

　　　V——容量筒体积，L。

（2）空隙率按式（3-9）、式（3-10）计算（精确至1%）：

$$v_L = \left(1 - \frac{\rho_L}{\rho_0}\right) \times 100 \tag{3-9}$$

$$v_c = \left(1 - \frac{\rho_c}{\rho_0}\right) \times 100 \tag{3-10}$$

式中　v_L 或 v_c——堆积密度或紧密密度下的空隙率，%；

　　　ρ_L 或 ρ_c——堆积密度或紧密密度，kg/m^3；

　　　ρ_0——砂的表观密度，kg/m^3。

（3）堆积密度、紧密密度和空隙率均以两次试验结果的算术平均值作为测定值，见表3-9、表3-10。

砂的堆积密度试验记录表　　　　　　　　表3-9

试验次数	容量筒容积 V(L)	容量筒重 m_1(kg)	砂+容量筒重 m_2(kg)	砂重 m_2-m_1(kg)	堆积密度 ρ_L(kg/m³)
1					
2					
堆积密度平均值(kg/m³)					

砂的紧密密度试验记录表　　　　　　　　表3-10

试验次数	容量筒容 V(L)	容量筒重 m_1(kg)	砂+容量筒重 m_2(kg)	砂重 m_2-m_1(kg)	紧密密度 ρ_c(kg/m³)
1					
2					
紧密密度平均值(kg/m³)					

3.2.5　砂的吸水率试验

1.试验目的

掌握砂的吸水率的测定方法，特别是测定以烘干质量为基准的饱和面干吸水率。

2.仪器设备

砂的吸水率试验需采用的仪器设备如下：

（1）天平：称量1000g，感量1g；

（2）饱和面干试模及质量为340±15g的钢制捣棒（图3-12）；

（3）干燥器、吹风机（手提式）、浅盘、铝制料勺、玻璃棒、温度计等；

（4）烧杯：容量500mL；

（5）烘箱：温度控制范围为105±5℃。

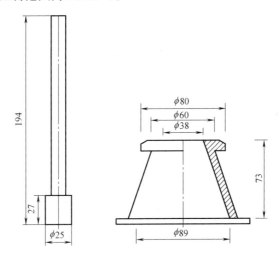

图3-12 饱和面干试模及捣棒示意图

3.试样制备

　　饱和面干试样的制备，是将样品在潮湿状态下用四分法缩分至1000g，拌匀后分成两份，分别装入浅盘或其他合适的容器中，注入清水，使水面高出试样表面20mm左右（水温控制在25±5℃）。用玻璃棒连续搅拌5min，以排除气泡。静置24h以后，细心地倒去试样上的水，并用吸管吸去余水。再将试样在盘中摊开，用手提吹风机缓缓吹入暖风，并不断翻拌试样，使砂表面的水分在各部位均匀蒸发。然后将试样一次性装满饱和面干试模，振捣25次（捣棒端面距试样表面不超过10mm，任其自由落下），振捣完后，留下的空隙不必再装满，从垂直方向徐徐提起试模。试样呈如图3-13（a）所示形状时，则说明砂中尚含有表面水，应继续按上述方法用暖风干燥，并按上述方法进行试验，直至试模提起后试样呈如图3-13（b）所示的形状为止。试模提起后，试样呈如图3-13（c）所示的形状时，则说明试样已过分干燥，此时应将试样洒水5mL，充分拌匀，并静置于加盖容器中30min后，再按上述方法进行试验，直至试样达到如图3-13（b）所示的形状为止。

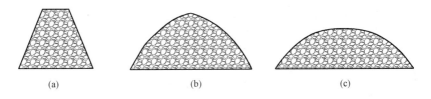

（a）　　　　　　　　　（b）　　　　　　　　　（c）

图3-13 饱和面干试样状态示意图
（a）试样过湿时的状态；（b）试样饱和面干状态；（c）试样过干状态

4.试验步骤

　　立即称取饱和面干试样500g，放入已知质量m_1（g）烧杯中，在温度为105±5℃的烘箱中烘干至恒重，并在干燥器内冷却至室温后，称取干样与烧杯的总质量m_2（g）。

5.结果计算

　　吸水率w_{wa}应按式（3-11）计算，精确至0.1%：

$$w_{wa} = \frac{500 - (m_2 - m_1)}{m_2 - m_1} \times 100\% \qquad (3-11)$$

式中 w_{wa}——吸水率，%；

m_1——烧杯质量，g；

m_2——烘干的试样与烧杯的总质量，g。

以两次试验结果的算术平均值作为测定值，当两次结果之差大于 0.2% 时，应重新取样进行试验。

3.2.6 砂的含水率试验

1.标准法（ISO）

（1）试验目的

了解标准法（ISO）测定砂的含水率的试验方法和操作步骤。

（2）仪器设备

标准法测定砂的含水率试验需采用下列仪器设备：

1）烘箱：温度控制范围为 105±5℃；

2）天平：称量 1000g，感量 1g；

3）容器：如浅盘等。

（3）试验步骤

1）由密封的样品中分别取 500g 的试样两份，分别放入已知质量的干燥容器 m_1（g）中称重，记录盘试样与容器的总重 m_2（g）。

2）将容器连同试样放入温度为 105±5℃ 的烘箱中烘干至恒重，称量烘干后的试样与容器的总质量 m_3（g）。

（4）结果计算

砂的含水率（标准法）按式（3-12）计算，精确至 0.1%：

$$w_{wc} = \frac{m_2 - m_3}{m_3 - m_1} \times 100\% \qquad (3-12)$$

式中 w_{wc}——砂的含水率，%；

m_1——容器质量，g；

m_2——未烘干的试样与容器的总质量，g；

m_3——烘干后的试样与容器的总质量，g。

砂的含水率最终结果，以两次试验结果的算术平均值作为测定值。

2.快速法

（1）适用范围

本试验方法适用于快速测定砂的含水率，对含泥量过大及有机杂质含量较多的砂不适合采用。

（2）仪器设备

快速法测定砂的含水率试验时，应采用下列仪器设备：

1）电炉（或火炉）；

2）天平：称量 1000g，感量 1g；

3）炒盘（铁制或铝制）；

4）油灰铲、毛刷等。

（3）试验步骤

1）由密封样品中取500g试样放入干净的炒盘m_1（g）中，称取试样与炒盘的总重量m_2（g）。

2）置炒盘于电炉（或火炉）上，用小铲不断地翻拌试样，至试样表面全部干燥后，切断电源（或移出火外），再继续翻拌1min，稍予冷却（以免损坏天平）后，称干样与炒盘的总质量m_3（g）。

（4）结果计算

砂的含水率（快速法）按式（3-13）计算，精确至0.1%：

$$w_{wc} = \frac{m_2 - m_3}{m_3 - m_1} \times 100\% \tag{3-13}$$

式中　w_{wc}——砂的含水率，%；

　　　m_1——炒盘质量，g；

　　　m_2——未烘干的试样与炒盘的总质量，g；

　　　m_3——烘干后的试样与炒盘的总质量，g。

含水率最终结果，以两次试验结果的算术平均值作为测定值。

3.2.7　砂中含泥量试验

1.标准法（ISO）

（1）试验目的和范围

1）本节所述标准法适用于测定粗砂、中砂和细砂的含泥量，特细砂中含泥量的测定方法可另行参考有关标准中的特殊规定；

2）了解标准法测定砂的含泥量的原理、步骤等。

（2）仪器设备

标准法测定砂的含泥量试验应采用下列仪器设备：

1）天平：称量1000g，感量1g；

2）烘箱：温度控制范围为105±5℃；

3）试验筛：筛孔公称直径为80μm及1.25mm的方孔筛各一个；

4）洗砂用的容器及烘干用的浅盘等。

（3）试样制备

试样制备应符合要求：样品缩分至1100g，置于温度为105±5℃的烘箱中烘干至恒重，冷却至室温后，称取质量均为400g（m_0）的试样两份备用。

（4）试验步骤

1）取烘干的试样一份置于容器中，并注入饮用水，使水面高出砂面约150mm，充分拌匀后，浸泡2h，然后用手在水中淘洗试样，使尘屑、淤泥和黏土与砂粒分离，并使之悬浮或溶于水中。缓缓地将浑浊液倒入公称直径为1.25mm、80μm的方孔套筛（1.25mm筛放置于上面）上，滤去小于80μm的颗粒。试验前筛子的两面应先用水湿润，在整个试验过程中应避免砂粒丢失。

2）再次加水于容器中，重复上述过程，直到筒内洗出的水清澈为止。

3）用水淋洗剩留在筛上的细粒，并将80μm筛放在水中（使水面略高出筛中砂粒的上表面）来回摇动，以充分洗除小于80μm的颗粒。然后将两只筛上剩留的颗粒和容器中已经洗净的试样一并装入浅盘，置于温度为105±5℃的烘箱中烘干至恒重。取出试样，冷却至室温后，称试样的质量m_1（g）。

（5）结果计算

砂中含泥量应按式（3-14）计算，结果精确至0.1%：

$$w_c = \frac{m_0 - m_1}{m_0} \times 100\% \tag{3-14}$$

式中　w_c——砂中含泥量，%；

m_0——试验前的烘干试样质量，g；

m_1——试验后的烘干试样质量，g。

以两个试样试验结果的算术平均值作为测定值。两次结果之差大于0.5%时，应重新取样进行试验。

2.虹吸管法

（1）试验目的

了解虹吸管法测定砂中含泥量的试验方法。

（2）仪器设备

1）虹吸管：玻璃管的直径不大于5mm，后接胶皮弯管；

2）玻璃容器或其他容器：高度不小于300mm，直径不小于200mm。

（3）试样制备

本试验的试样制备过程及要求与标准法相同。

（4）试验步骤

1）称取烘干的试样500g（m_0），置于容器中，并注入饮用水，使水面高出砂面约150mm，浸泡2h，浸泡过程中每隔一段时间搅拌一次，确保尘屑、淤泥和黏土与砂分离。

2）用搅拌棒均匀搅拌1min（单方向旋转），以适当宽度和高度的挡板闸水，使水停止旋转。经20~25s后取出闸板，然后，从上到下用虹吸管细心地将浑浊液取出，虹吸管吸口的最低位置应距砂面不小于30mm。

3）再倒入清水，重复上述过程，直到吸出的水与清水的颜色基本一致为止。

4）最后将容器中的清水吸出，把洗净的试样倒入浅盘并在105±5℃的烘箱中烘干至恒重，取出，冷却至室温后称砂质量m_1（g）。

（5）结果计算

砂中含泥量（虹吸管法）应按式（3-15）计算，精确至0.1%：

$$w_c = \frac{m_0 - m_1}{m_0} \times 100\% \tag{3-15}$$

式中　w_c——砂中含泥量，%；

m_0——试验前的烘干试样质量，g；

m_1——试验后的烘干试样质量，g。

以两个试样试验结果的算术平均值作为测定值。两次结果之差大于0.5%时，应重新取样进行试验。

3.2.8 碎石（卵石）的筛分析试验

1.试验目的

了解碎石（卵石）的筛分析试验的方法与步骤，并通过试验结果评价颗粒级配。

2.主要仪器设备

（1）试验筛：孔径为100、80、63、50、40、31.5、25、20、16、10、5、2.5mm的方孔筛及筛底和筛盖各一只，筛框直径为300mm；

（2）天平或台秤：称量随试样质量而定，感量为试样质量的0.1%左右；

（3）烘箱、浅盘等。

3.试验步骤

（1）根据试样最大粒径按表3-11规定数量称取烘干或风干试样；

石子筛分析试验所需试样的最小质量 表3-11

量大粒径(mm)	10.0	16.0	20.0	25.0	31.5	40.0	63.0	80.0
试样质量不少于(kg)	2.0	3.2	4.0	5.0	6.3	8.0	12.6	16.0

（2）根据最大粒径选择试验用筛，并按筛孔大小顺序过筛，直到每分钟通过量不超过试样总质量的0.1%；

（3）称取各筛的筛余质量，精确至试样总质量的0.1%。分计筛余量和筛底剩余的总和与筛分前试样总量相比，其差不得超过1%。

4.试验结果计算

（1）计算分计筛余百分率（精确至0.1%）和累计筛余百分率（精确至1%），计算方法同砂的筛分析，见表3-12。

（2）根据各筛的累计筛余百分率，评定试样的颗粒级配。

石子的筛分析试验记录表 表3-12

筛孔尺寸(mm)	筛余砂样重量(g)	分计筛余百分率(%)	累计筛余百分率(%)
80.0			
63.5			
50.0			
40.0			
31.5			
25.0			
20.0			
16.0			
10.0			
5.0			
2.5			
底盘			

3.2.9 碎石（卵石）的表观密度试验

1.试验目的

石料的表观密度测试主要有标准法和简易法。本节主要介绍简易法的有关知识。

本试验的目的是了解简易法测定石料表观密度的试验方法与适用范围（不宜用于最大

粒径大于40mm的碎石和卵石）。

2.主要仪器设备

（1）天平：称量5kg，感量5g；

（2）广口瓶：1000mL，磨口，并带玻璃片；

（3）试验筛：孔径为5mm；

（4）烘箱、毛巾、刷子等。

3.试验步骤

试验前，将样品筛去5mm以下的颗粒，用四分法缩分至不小于2kg，洗刷干净后，分成两份备用。

（1）取试样一份浸水饱和后，装入广口瓶中。装试样时，广口瓶应倾斜一个相当角度。然后注满饮用水，并用玻璃片覆盖瓶口，以上下左右摇晃的方法排除气泡。

（2）气泡排净后向瓶中加水至水面凸出瓶口边缘，然后用玻璃板沿瓶口迅速滑行，使其紧贴瓶口水面。擦干瓶外水分，称取试样、水、瓶和玻璃片总质量m_1（g）。

（3）将瓶中试样倒入浅盘中，置于温度为105±5℃的烘箱中烘干至恒重，然后取出置于带盖的容器中，冷却至室温后称取试样的质量m_0（g）。

（4）将瓶洗净，重新注满水，用玻璃片紧贴瓶口水面。擦干瓶外水分，称取其质量m_2（g）。

4.试验结果计算

按式（3-16）计算表观密度ρ_0（精确至0.01g/cm³）：

$$\rho_0 = \frac{m_0}{m_0 + m_2 - m_1} \tag{3-16}$$

式中　ρ_0——石料的表观密度，g/cm³；

m_0——烘干后的试验石料的质量，g；

m_1——水、石样及玻璃片、广口瓶的总质量，g；

m_2——水、玻璃片及广口瓶的总质量，g。

以两次测定结果的平均值为试验结果，精确至0.01g/cm³，如两次测定结果的误差大于0.02g/cm³，应重新取样进行试验。

3.2.10　碎石（卵石）的堆积密度与紧密密度试验

1.试验目的

（1）掌握碎石（卵石）的堆积密度的测定方法；

（2）测定不同堆积状态下碎石（卵石）的堆积密度（堆积和紧密），并计算空隙率。

2.主要仪器设备

（1）磅秤：称量50kg，感量50g；

（2）容量筒：金属制，容积按石子最大粒径选用（见表3-13）；

（3）平头铁铲，烘箱等。

容量筒容积选取原则 表3-13

石子最大粒径(mm)	10.0、16.0、20.0、25.0	31.5、40.0	63.0、80.0
容量筒容积(L)	10	20	30

3.试验步骤

试验用试样应在烘箱中烘干或摊在清洁的地面上风干，然后分成两份备用。

（1）堆积密度

1）称容量筒质量 m_1（kg）。

2）取试样一份，置于平整干净的地板（或铁板）上，用铁铲将试样自距筒口 50mm 左右处自由落入容量筒，装满容量筒并除去凸出筒口表面的颗粒，以合适的颗粒填入凹陷部分，使表面凸起部分和凹陷部分的体积大致相等，称取容量筒和试样的总质量 m_2（kg）。

（2）紧密密度

1）称容量筒质量 m_1（kg）。

2）取一份试样分三层装入容量筒，第一层装入后，在筒底垫一根直径 25mm 的圆钢，将筒按住，左右交替打击地面各 25 下；然后装入第二层，方法与第一层一样（注意圆钢放置方向与第一次相互垂直），然后装入第三层，方法同前。最后加满至超过筒口，用钢筋沿筒口边缘滚转，刮下高出部分颗粒，以合适的颗粒填入凹陷部分，使表面凸起部分和凹陷部分的体积大致相等，称取容量筒和试样的总质量 m_2（kg）。

4.试验结果计算

（1）按式（3-17）计算石料的堆积密度 ρ_L 或 ρ_c（精确至 $10kg/m^3$）：

$$\rho_L \text{或} \rho_c = \frac{m_2 - m_1}{V} \qquad (3\text{-}17)$$

式中　ρ_L 或 ρ_c——堆积密度或紧密密度，kg/m^3；

　　　　m_1——容量筒质量，g；

　　　　m_2——容量筒和试样总质量，g；

　　　　V——容量筒体积，L。

（2）空隙率按下式计算（精确至 1%）：

$$v_L = \left(1 - \frac{\rho_L}{\rho_0}\right) \times 100 \qquad (3\text{-}18)$$

$$v_c = \left(1 - \frac{\rho_c}{\rho_0}\right) \times 100 \qquad (3\text{-}19)$$

式中　v_L，v_c——分别为堆积密度、紧密密度下的空隙率，%；

　　　　ρ_L，ρ_c——分别为堆积密度、紧密密度，kg/m^3；

　　　　ρ_0——石料的表观密度，kg/m^3。

（3）堆积密度、紧密密度和空隙率均以两次试验结果的算术平均值作为测定值。

3.2.11　碎石（卵石）的含水率试验

1.试验目的

了解碎石（卵石）等粗骨料含水率的测定方法。

2.仪器设备

（1）烘箱：温度控制范围为 105±5℃；

（2）台秤：称量 20kg，感量 20g；

（3）容器：如浅盘等。

3.试验步骤

（1）根据表 3-14 的要求称取试样，分成两份备用。

试验项目	最大公称粒径(mm)							
	10.0	16.0	20.0	25.0	31.5	40.0	63.0	80.0
筛分析	8	15	16	20	25	32	50	64
表观密度	8	8	8	8	12	16	24	24
含水率	2	2	2	2	3	3	4	6
吸水率	8	8	16	16	16	24	24	32
堆积密度、紧密密度	40	40	40	40	80	80	120	120
含泥量	8	8	24	24	40	40	80	80
泥块含量	8	8	24	24	40	40	80	80
针、片状含量	1.2	4	8	12	20	40	—	—
硫化物及硫酸盐	1.0							

（2）将试样置于干净的容器中，称取试样和容器的总质量 m_1（g），并在 105±5℃的烘箱中烘干至恒重。

（3）取出试样，冷却后称取试样与容器的总质量 m_2（g），并称取容器的质量 m_3（g）。

4.结果计算

含水率 w_{wc} 应按式（3-20）计算，精确至 0.1%：

$$w_{wc} = \frac{m_1 - m_2}{m_2 - m_3} \times 100\% \tag{3-20}$$

式中　w_{wc}——含水率，%；

　　　m_1——烘干前试样与容器总质量，g；

　　　m_2——烘干后试样与容器总质量，g；

　　　m_3——容器质量，g。

以两次试验结果的算术平均值作为测定值。

注意：碎石或卵石含水率简易测定时可采用"烘干法"。

3.2.12　碎石（卵石）的吸水率试验

1.适用范围及目的

（1）本试验方法适用于测定碎石或卵石的吸水率，即测定以烘干质量为基准的饱和面干吸水率；

（2）了解碎石或卵石等粗集料吸水率的测定方法。

2.仪器设备

（1）烘箱：温度控制范围为 105±5℃；

（2）台秤：称量 20kg，感量 20g；

（3）试验筛：筛孔公称直径为 5.00mm 的方孔筛一只；

（4）容器、浅盘、金属丝和毛巾等。

3.试样制备及要求

试验前，筛除样品中公称粒径 5.00mm 以下的颗粒，然后缩分至 2 倍于表 3-15 所规定的质量，分成两份，用金属丝刷刷净后备用。

吸水率试验所需的试样最少质量								表 3-15
最大公称粒径(mm)	10.0	16.0	20.0	25.0	31.5	40.0	63.0	80.0
试样最少质量(kg)	2	2	4	4	4	6	6	8

4.试验步骤

（1）取一份试样置于盛水的容器中，使水面高出试样表面5mm左右，24h后从水中取出试样，并用拧干的湿毛巾将颗粒表面的水分拭干，即成为饱和面干试样。然后，立即将试样放在浅盘中称取质量 m_2（g），在整个试验过程中，水温必须保持在20±5℃。

（2）将饱和面干试样连同浅盘置于105±5℃的烘箱中烘干至恒重，然后取出，放入带盖的容器中冷却0.5~1h，称取烘干试样与浅盘的总质量 m_1（g），称取浅盘的质量 m_3（g）。

5.结果计算

吸水率 w_{wa} 应按式（3-21）计算，精确值0.1%：

$$w_{wa} = \frac{m_2 - m_1}{m_1 - m_3} \times 100\% \tag{3-21}$$

式中　w_{wa}——吸水率，%；

　　　m_1——烘干后试样与浅盘总质量，g；

　　　m_2——烘干前饱和面干试样与浅盘总质量，g；

　　　m_3——浅盘质量，g。

以两次试验结果的算术平均值作为测定值。

3.2.13　碎石（卵石）中含泥量试验

1.试验目的

本方法适用于测定碎石或卵石中的含泥量。

2.试验仪器

（1）秤：称量20kg，感量20g；

（2）烘箱：温度控制范围为105±5℃；

（3）试验筛：筛孔公称直径为80μm及1.25mm的方孔筛各一只；

（4）容积约10L的瓷盘或金属盒、浅盘。

3.试样制备

将样品缩分至表3-16所规定的量（注意防止细粉丢失），并置于温度为105±5℃的烘箱中烘干至恒重，冷却至室温后分成两份备用。

含泥量试验所需的试样最少质量								表 3-16
最大公称粒径(mm)	10.0	16.0	20.0	25.0	31.5	40.0	63.0	80.0
试样量不少于(kg)	2	2	6	6	10	10	20	20

4.试验步骤

（1）称取试样一份 m_0（g）装入容器中摊平，并注入饮用水，使水面高出石子表面150mm，浸泡2h后，用手在水中淘洗颗粒，使尘屑、淤泥和黏土与较粗颗粒分离，并使之悬浮或溶解于水。缓缓地将浑浊液倒入公称直径为1.25mm及80μm的方孔套筛（1.25mm筛放置上面）上，滤去小于80μm的颗粒。试验前筛子的两面应先用水湿润。在整个试验过程中应注意避免大于80μm的颗粒丢失。

（2）再次加水于容器中，重复上述过程，直至洗出的水清澈为止。

（3）用水冲洗剩留在筛上的细粒，并将公称直径为80μm的方孔筛放在水中（使水面略高出筛内颗粒）来回摇动，以充分洗除小于80μm的颗粒。然后将两只筛上剩留的颗粒和筒中已洗净的试样一并装入浅盘，置于温度为105±5℃的烘箱中烘干至恒重。取出冷却至室温后，称取试样的质量m_1（g）。

5.结果计算

碎石或卵石中含泥量应按式（3-22）计算，精确至0.1%：

$$w_c = \frac{m_0 - m_1}{m_0} \times 100\% \tag{3-22}$$

式中　w_c——砂中含泥量，%；

　　　m_0——试验前的烘干试样的质量，g；

　　　m_1——试验后的烘干试样的质量，g。

以两个试样试验结果的算术平均值作为测定值。两次结果之差大于0.2%时，应重新取样进行试验。

3.2.14　碎石（卵石）中泥块含量试验

1.试验目的

了解碎石或卵石中泥块含量的试验方法，学习其试验操作过程。

2.试验仪器

（1）秤：称量20kg，感量20g；

（2）试验筛：筛孔公称直径为2.50mm及5.00mm的方孔筛各一只；

（3）水筒及浅盘等；

（4）烘箱：温度控制范围为105±5℃。

3.试样制备

将样品缩分至略大于表3-13所示的量，缩分时应防止所含黏土块被压碎。缩分后的试样在105±5℃的烘箱中烘干至恒重，冷却至室温后分成两份备用。

4.试验步骤

（1）筛去公称粒径5.00mm以下颗粒，称取质量m_1（g）；

（2）将试样在容器中摊平，加入饮用水使水面高出试样表面，24h后把水放出，用手碾压泥块，然后把试样放在公称直径为2.50mm的方孔筛上摇动淘洗，直至洗出的水清澈为止。

（3）将筛上的试样小心地从筛里取出，置于温度为105±5℃的烘箱中烘干至恒重。取出冷却至室温后称取质量m_2（g）。

5.结果计算

泥块含量$w_{c,L}$应按式（3-23）计算，精确至0.1%：

$$w_{c,L} = \frac{m_1 - m_2}{m_1} \times 100\% \tag{3-23}$$

式中　$w_{c,L}$——泥块含量，%；

　　　m_1——公称直径5mm筛上筛余量，g；

m_2——试验后烘干试样的质量，g。

以两个试样试验结果的算术平均值作为测定值。

3.2.15 碎石（卵石）的坚固性试验

1.适用范围

本试验方法适用于以硫酸钠饱和溶液法间接地判断碎石或卵石的坚固性。

2.试验设备及试剂

（1）烘箱：温度控制范围为105±5℃；

（2）台秤：称量5kg，感量5g；

（3）试验筛：根据试样粒级，按表3-17选用；

（4）容器：搪瓷盆或瓷盆，容积不小于50L；

（5）三脚网篮：网篮的外径为100mm，高为150mm，采用网孔公称直径不大于2.50mm的网，网篮由铜丝制成；检验公称粒径40.0~80.0mm的颗粒时，应采用外径和高度均为150mm的网篮；

（6）试剂：无水硫酸钠。

坚固性试验所需的各粒级试样量   表3-17

公称粒级（mm）	5.00~10.0	10.0~20.0	20.0~40.0	40.0~63.0	63.0~80.0
试样重（g）	500	1000	1500	3000	3000

注：1.公称粒级为10.0~20.0mm的试样中，应含有40%的10.0~16.0mm粒级颗粒、60%的16.0~20.0mm粒级颗粒；

2.公称粒级为20.0~40.0mm的试样中，应含有40%的20.0~31.5mm粒级颗粒、60%的31.5~40.0mm粒级颗粒。

3.溶液配制及试样制备

（1）硫酸钠溶液的配制：取一定数量的蒸馏水（取决于试样及容器的大小），加温至30~50℃，每1000mL蒸馏水加入无水硫酸钠（Na_2SO_4）300~350g，用玻璃棒搅拌，使其溶解至饱和，然后冷却至20~25℃。在此温度下静置两昼夜。其密度保持在1151~1174kg/m^{3}范围内。

（2）试样的制备：将样品按表3-17的规定分级，并分别擦洗干净，放入105~110℃烘箱内烘24h，取出并冷却至室温，然后按表3-14对各粒级规定的量称取试样m_1（g）。

4.试验步骤

（1）将所称取的不同粒级的试样分别装入三脚网篮并浸入盛有硫酸钠溶液的容器中。溶液体积应不小于试样总体积的5倍，其温度保持在20~25℃。三脚网篮浸入溶液时应先上升下降25次以排除试样中的气泡，然后静置于该容器中。此时，网篮底面应距容器底面约30mm（由网篮脚控制），网篮之间的间距应不小于30mm，试样表面至少应在液面以下30mm。

（2）浸泡20h后，从溶液中提出网篮，放在105±5℃的烘箱中烘4h。至此，完成了第一个试验循环。待试样冷却至20~25℃后，即开始第二次循环。从第二次循环开始，浸泡及烘烤时间均可为4h。

（3）第五次循环完后，将试样置于25~30℃的清水中洗净硫酸钠，再在105±5℃的烘箱中烘干至恒重。取出冷却至室温后，用筛孔孔径为试样粒级下限的筛过筛，并称取各粒级试样试验后的筛余量m_i'（g）。

注意：试样中硫酸钠是否洗净，可采用的检验方法为：取洗试样的水数毫升，滴入少量氯化钡（BaCl$_2$）溶液，如无白色沉淀，即说明硫酸钠已被洗净。

（4）对公称粒径大于20.0mm的试样部分，应在试验前后记录其颗粒数量，并作外观检查，描述颗粒的裂缝、开裂、剥落、掉边和掉角等情况所占颗粒数量，以作为分析其坚固性时的补充依据。

5.结果计算

试样中各粒级颗粒的分计质量损失百分率 δ_{ji} 应按式（3-24）计算：

$$\delta_{ji} = \frac{m_i - m_i'}{m_i} \times 100\% \tag{3-24}$$

式中　δ_{ji}——各粒级颗粒的分计质量损失百分率，%；

m_i——各粒级试样试验前的烘干质量，g；

m_i'——经硫酸钠溶液法试验后，各粒级筛余颗粒的烘干质量，g。

试样的总质量损失百分率 δ_j 应按式（3-25）计算，精确至1%：

$$\delta_j = \frac{\alpha_1\delta_{j1} + \alpha_2\delta_{j2} + \alpha_3\delta_{j3} + \alpha_4\delta_{j4} + \alpha_5\delta_{j5}}{\alpha_1 + \alpha_2 + \alpha_3 + \alpha_4 + \alpha_5} \times 100\% \tag{3-25}$$

式中　　　　　　　　　δ_j——总质量损失百分率，%；

α_1、α_2、α_3、α_4、α_5——试样中分别为5.00~10.0mm、10.0~20.0mm、20.0~40.0mm、40.0~63.0mm、63.0~80.0mm各公称粒级的分计百分含量，%；

δ_{j1}、δ_{j2}、δ_{j3}、δ_{j4}、δ_{j5}——各粒级的分计质量损失百分率，%。

3.2.16　思考题

1.粗细（砂、石）骨料的筛分试验方法有何不同？级配曲线和细度模数的工程应用意义是什么？

2.简述表观密度、堆积密度和紧密密度的区别。

3.砂的吸水率试验中饱和面干试样的制备要点有哪些？

4.砂的含水率试验中ISO法和快速法的操作方法和适用范围都有何不同？

5.简述砂的含泥量的试验方法和操作要点。

6.简述碎（卵）石中含泥量和泥块含量的区别。

7.总结分析碎（卵）石坚固性试验的方法和操作要点，了解石子坚固性指标的工程应用。

3.3　普通混凝土性能试验

3.3.1　概述

混凝土是由胶凝材料和集料胶结形成的人工复合材料的统称。一般常说的混凝土指以水泥为胶凝材料，砂石为集料，与水按一定比例拌合制作而成，也叫普通混凝土，是土木建筑、交通、水利、矿业等行业广泛应用的主要材料。众所周知，我们对混凝土性能的利用主要考虑其强度，但除此之外，混凝土的和易性、耐久性和变形特性等也对混凝土材料的工程应用有着重要影响。因此，全面了解混凝土材料的各项性能，对混凝土优化设计和工程设计、施工具有重要指导意义。

本部分所述混凝土性能试验主要指未加入任何掺合料和外加剂的普通混凝土，即主要材料为水泥、水、砂、石子四种材料。同样，由于混凝土性能相关试验众多，本章节主要介绍部分常见的试验，包括和易性、表观密度，抗压、抗拉及抗折强度，抗冻、抗渗等耐久性试验等，试验方法主要参考包括《混凝土物理力学性能试验方法标准》GB/T 50081—2019、《混凝土强度检验评定标准》GB/T 50107—2010等标准。

3.3.2 普通混凝土试样制备

1.试验目的

掌握混凝土拌合物的配合比设计及制备方法等，并拌制试验所用的混凝土试样。

2.一般规定

（1）拌制混凝土的原材料应符合技术要求，并与施工实际用料相同。在拌合前，材料的温度应与室温（应保持在20±5℃）相同，水泥如有结块现象，应用64孔/cm²筛过筛，筛余团块不得使用；

（2）拌制混凝土的材料用量以质量计。称量的精确度：骨料为±1%；水、水泥及混合材料为±0.5%。

3.主要仪器设备

（1）搅拌机：容量75～100L，转速为18～22r/min；

（2）磅秤：称量50kg，感量50g；

（3）天平（称量50kg，感量1g）、量筒（200mL，1000mL）、拌板（约1.5m×2m）、拌铲、盛器等。

4.拌合方法及步骤

（1）人工拌合

1）按所定配合比备料，以全干状态为准。

2）将拌制用板及拌铲（铁锨）用湿布湿润后，将砂倒在拌板上。然后加入水泥，用铲自拌板一端翻拌至另一端，来回重复，直至充分混合，颜色均匀，再加入石子，翻拌至混合均匀为止。

3）将干混合物堆成堆，在中间做一凹槽，将已称量好的水倒约一半在凹槽中（勿使水流出）。然后仔细翻拌，并徐徐加入剩余的水。继续翻拌，每翻拌一次，用铲在拌合物上铲切一次，直到拌合均匀为止。

4）拌合时要求动作敏捷，拌合时间从加水时算起，应大至符合下列规定：

拌合物体积为30L以下时，4～5min；

拌合物体积为30～50L时，5～9min；

拌合物体积为51～75L时，9～12min。

5）拌好后，立即做坍落度测定或试件成型。从开始加水时算起，全部操作须在30min内完成。

（2）机械搅拌

1）按所定配合比备料，以全干状态为准；

2）预拌一次，即按配合比的水泥、砂和水组成的砂浆及少量石子，在搅拌机中进行涮膛。然后倒出并刮去多余的砂浆，其目的是使水泥砂浆黏附满搅拌机的筒壁，以免正式拌合时影响拌合物的配合比；

3）开动搅拌机，向搅拌机内依次加入石子、砂、水泥，干拌均匀，再将水徐徐加入，全部加料时间不超过2min，水全部加入后，继续拌合2min；

4）将拌合物自搅拌机卸出，倾倒在拌板上，再经人工拌合1~2min，即可做坍落度测定或试件成型。从开始加水时算起，全部操作必须在30min内完成。

3.3.3 普通混凝土和易性测定

1.试验目的

（1）了解混凝土拌合物和易性各项指标的含义、测定方法等；

（2）掌握坍落度法的操作方法并测定坍落度，观察混凝土的流动性、黏聚性和保水性。

2.主要仪器设备

（1）坍落度筒：由薄钢板或其他金属制成的圆台形筒，如图3-14所示。内壁应光滑，无凹凸部位，底面和顶面应互相平行并与锥体的轴线垂直。在筒外2/3高度处安两个手把，下端应焊脚踏板。筒的内部尺寸为：底部直径200±2mm；顶部直径100±2mm；高度300±2mm；

（2）维勃稠度仪：其由振动台、容器、旋转架、坍落度筒及捣棒等部分组成，如图3-15~图3-17所示；

（3）捣棒：直径16mm、长600mm的钢棒，端部应磨圆；

（4）小铲、木尺、钢尺、拌板、馒刀等。

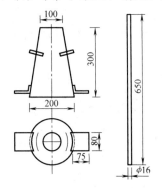

图3-14 坍落度筒示意图（mm）

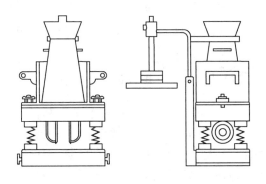

图3-15 维勃稠度仪示意图

图3-16 坍落度筒

图3-17 维勃稠度仪

3.试验步骤

（1）坍落度试验

本方法适用于集料最大粒径不大于37.5mm、坍落度值不小于10mm的混凝土拌合物稠度测定。测定时需用拌合物约15L。

1）润湿坍落度筒及其他用具，并把筒放在不吸水的刚性水平底板上，然后用脚踩住两边的脚踏板，使坍落度筒在装料时保持位置固定。

2）把按要求取得的混凝土试样用小铲分3层均匀地装入筒内，使捣实后每层高度为筒高的1/3左右。每层用捣棒插捣25次，插捣应沿螺旋方向由外向中心进行，各次插捣应在截面上均匀分布。插捣筒边混凝土时，捣棒可以稍稍倾斜；插捣底层时，捣棒应贯穿整个深度；插捣第二层和顶层时，捣棒应插透本层至下一层的表面；浇灌顶层时，混凝土应灌到高出筒口。插捣过程中，如混凝土沉落到低于筒口，则应随时添加。顶层插捣完毕，刮去多余的混凝土并用抹刀抹平。

3）清除筒边底板上的混凝土后，垂直平衡地提起坍落度筒。提离过程应在5～10s内完成。从开始装料到提起坍落度筒的整个进程应不间断地进行，并应在150s内完成。

4）提起坍落度筒后，量测筒高与坍落后混凝土试体最高点之间的高度差，即为该混凝土拌合物的坍落度值（以"mm"为单位，精确至5mm）。

5）坍落度筒提离后，如试件发生崩坍或一边剪坏现象，则应重新取样进行测定。如第二次仍出现这种现象，则表示该拌合物和易性不好，应予记录备查。

6）观察坍落后的混凝土试体的黏聚性及保水性。黏聚性的检查方法是用捣棒在已坍落的混凝土锥体侧面轻轻敲打，此时，如果锥体逐渐下沉，则表示黏聚性良好，如果锥体倒塌、部分崩裂或出现离析现象，则表示黏聚性不好。保水性以混凝土拌合物中稀浆析出的程度来评定，坍落度筒提起后如有较多的稀浆从底部析出，锥体部分的混凝土也因失浆而集料外露，则表明此混凝土拌合物的保水性能不好，如无这种现象，则表明保水性良好。

7）坍落度的调整。当测得拌合物的坍落度达不到要求或认为黏聚性、保水性不满意时，可保持水灰比不变，掺入水泥和水进行调整，掺量为原试拌用量的5%或10%；当坍落度过大时，可酌情增加砂和石子，尽快拌合均匀，再次做坍落度试验。

（2）维勃稠度试验

本方法用于集料最大粒径小于等于37.5mm，维勃稠度在5～10s之间的混凝土拌合物稠度测定。

1）把维勃稠度仪放置在坚实水平的地面上，用湿布将容器、坍落度筒、喂料斗内壁及其他用具润湿。

2）将混凝土拌合物经喂料斗分三层装入坍落度筒，装料及插捣方法与坍落度试验相同。

3）将圆盘、喂料斗都转离坍落度筒，小心并垂直地提起坍落度筒，此时应注意不使混凝土试体产生横向的扭动。

4）再将圆盘转到混凝土圆台体上方，放松测杆螺栓，降下圆盘，使它轻轻地接触到混凝土顶面，拧紧定位螺栓。同时开启振动台和秒表，当透明圆盘的底面被水泥浆布满的瞬间，立即关闭振动台和秒表，记录时间精确至1s，由秒表读得的时间（s），即为该混凝土拌合物的维勃稠度值。

4.试验结果

坍落度值是由坍落度筒高减去混凝土试体最高点高度得到，其单位为"mm"；维勃稠度值由秒表直接读取，其单位为"s"。

3.3.4 普通混凝土表观密度试验

1.试验目的

了解混凝土拌合物表观密度的测试方法及相应仪器设备的使用等。

2.主要仪器设备

（1）容量筒：金属制圆筒，两旁装有手把，容积为5L；

（2）台秤：称量100kg，感量50g；

（3）振动台（图3-18）：频率50±3Hz，空载时的振幅为0.5±0.1mm；

（4）捣棒：直径16cm、长600mm的钢棒，端部应磨圆。

3.试验步骤

（1）用湿布将容量筒内外擦净，称出容量筒质量m_1（kg），精确至50g。

图3-18 混凝土振动台

（2）采用振动台振实时，应一次将混凝土拌合物灌到高出容量筒口，装料时可用捣棒稍加插捣，振动过程中如混凝土沉落到低于筒口，应随时添加混凝土，振动直至表面出浆为止。采用捣棒捣实时，应根据容量筒的大小决定分层与插捣次数。

（3）用刮尺齐筒口将多余的混凝土拌合物刮去、抹平，将容量筒外壁擦净，称出混凝土与容量筒总质量m_2（kg），精确至50g。

4.试验结果计算

按式（3-18）计算混凝土拌合物的表观密度ρ_h（精确至10kg/m³），见表3-18。

$$\rho_h = \frac{m_2 - m_1}{V} \times 1000 \qquad (3-26)$$

式中　ρ_h——表观密度，kg/m³；

　　　m_1——容量筒质量，kg；

　　　m_2——容量筒和试样总质量，kg；

　　　V——容量筒体积，L。

混凝土拌合物表观密度试验记录表　　　　　　　　　　　　表3-18

编号	容量筒体积V(L)	容量筒质量m_1(kg)	试样+容量筒质量m_2(kg)	表观密度ρ_h(kg/m³)

3.3.5 普通混凝土立方体抗压强度试验

1.试验目的

（1）掌握混凝土试件的制备、养护条件、龄期等；

（2）熟悉压力试验机的使用、强度试验的操作步骤与注意事项等。

2.主要仪器设备

（1）压力试验机：试验机的精度应不低于±2%，量程应能使试件的预期破坏荷载值不小于全量程的20%，也不大于全量程的80%；

（2）振动台：振动频率为50±3Hz，空载振幅约为0.5mm；

（3）试模：试模由铸铁或钢制成，应有足够的刚度并且方便拆装，试模内表面应经过机械加工，其不平整度要求为每100mm不超过0.5mm，组装后各相邻面的不垂直度应不超过±0.5°；

（4）捣棒、小铁铲、金属直尺、镘刀等。

3.试验步骤

（1）试件制作

1）混凝土抗压强度试验一般以3个试件为1组，每一组试件所用的混凝土拌合物应从同一次拌合而成的拌合物中取出。

2）制作前，应将试模清理干净，并在试模的内表面涂一薄层矿物油脂。

3）坍落度不大于70mm的混凝土用振动台振实。将拌合物一次装入试模，并稍有富余，然后将试模放在振动台上并加以固定，开动振动台至拌合物表面呈现水泥浆为止。记录振动时间。振动结束后，用镘刀沿试模边缘将多余的拌合物刮去，并将表面抹平。坍落度大于70mm的混凝土采用人工捣实，混凝土拌合物分两层装入试模，每层厚度大致相等。插捣按螺旋方向由边缘向中心均匀进行。插捣底层时，捣棒应达到试模底面，插捣上层时，捣棒应穿入下层深度约20～30mm。插捣时应保持捣棒垂直，不得倾斜，并用抹刀沿试模内壁插入数次，以防止试件产生麻面。

（2）试件养护

1）采用标准条件养护的试件成型后应覆盖表面，以防水分蒸发，并应在温度20±5℃、相对湿度大于50%的室内静置1～2d，然后编号拆模。

2）拆模后的试件应立即放在湿度为20±2℃、湿度为95%以上的标准养护室或标准养护箱内养护。在标准养护室内试件应放在架上，彼此间隔为10～20mm，并应避免用水直接冲淋试件。

3）无标准养护条件时，混凝土试件可在温度为20±2℃的非流动水中养护，水的pH值不应小于7。

4）与构件同条件养护的试件成型后，应覆盖表面。试件的拆模时间可与实际构件的拆模时间相同。拆模后，试件仍需保持相同条件养护。

（3）抗压强度试验

1）试件自养护室取出后，随即擦干水分并测量其尺寸（精确至1mm），据此计算试件的受压面积A（mm²）。

2）将试件安放在压力机下承压板上，试件承压面应与成型时的顶面垂直（即浇筑面不能作为承压面），试件中心应与试验机下压板中心对准。开动试验机，当上压板与试件接近时，调整球座，使接触均衡，并清零示数。

3）加压时，应持续均匀地加荷。加荷速度为：混凝土强度等级低于C30时，为0.3～0.5MPa/s；混凝土强度等级高于C30时，为0.5～0.8MPa/s。当试件接近破坏而开始迅速变形时，停止调整试验机油门，直至试件破坏。记录破坏荷载F（N）。

4.试验结果计算

按式（3-27）计算试件的抗压强度（精确至0.1MPa），见表3-19。

$$f_{cc} = \frac{F}{A} \tag{3-27}$$

式中　f_{cc}——混凝土立方体试件抗压强度，MPa；

　　　F——最大破坏载荷，N；

　　　A——试件受压面积，mm^2。

以3个试件的算术平均值作为该组试件的抗压强度值。3个测定值中的最大值或最小值中，如有1个与中间值的差值超过中间值15%时，则舍去最大及最小值，取中间值作为该组试件的抗压强度值；如两个测定值与中间值的差值均超过中间值的15%，则此组试验无效。

混凝土的抗压强度值以150mm×150mm×150mm试件的抗压强度值为标准值，用其他尺寸试件测得的强度值，均应乘以相应的尺寸效应换算系数。当混凝土强度等级小于C60时，对100mm×100mm×100mm试件换算系数为0.95；对200mm×200mm×200mm试件换算系数为1.05。当混凝土强度等级不小于C60且不大于C100时，尺寸换算系数最好由试验确定，或对100mm×100mm×100mm试件换算系数取0.95；当混凝土强度等级大于C100时，系数须由试验确定。

混凝土试块抗压强度试验结果记录表

表3-19

试件编号	试验日期		龄期(d)	试件尺寸			试验结果		由理论推算出28d抗压强度(MPa)	备注(剔除及特殊情况)
	成型	试验		长(mm)	宽(mm)	面积(mm^2)	破坏荷载(kN)	抗压强度(MPa)		
1										(1)3个试件强度中间值__MPa;
2										(2)试件__强度超中间值__%，应剔除;
3										(3)抗压强度评定值应取(中间、平均)值;或结果无效
抗压强度评定值（MPa）									

3.3.6　普通混凝土劈裂抗拉强度试验

1.试验目的

（1）掌握劈裂法测试混凝土抗拉强度的试验方法；

（2）熟悉试验机等仪器设备的使用，了解混凝土抗拉强度和抗压强度的关系等。

2.主要仪器设备

（1）压力试验机：试验机的精度应不低于±2%，量程应能使试件的预期破坏荷载值不小于全量程的20%，也不大于全量程的80%；

（2）振动台：振动频率为50±3Hz，空载振幅约为0.5mm；

（3）试模：由铸铁或钢制成，应有足够的刚度并拆装方便，试模内表面应经过机械加工，其不平整度要求为每100mm不超过0.5mm，组装后各相邻面的不垂直度应不超过±0.5°；

（4）劈裂钢垫条、普通胶合板或硬质纤维板垫层等。钢垫条顶面为直径150mm的弧形，长度与试件边长一致（150mm）。垫层宽度应为20mm，厚度为3~4mm，长度不小于试件长度，且需满足有关国家标准要求，如图3-19所示。

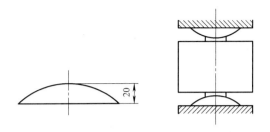

图 3-19 劈裂试验用垫条示意图（mm）

3.试验步骤

（1）混凝土劈裂抗拉强度试验一般以3个试件为1组，试件制作和养护方法同3.3.5节。

（2）试件自养护室取出后，随即擦干水分并测量其尺寸（精确至1mm），并在试件中部画出劈裂面位置线，并注意浇筑面不能作为劈裂受压面。

（3）将试件安放在压力机下承压板上，并进行几何对中，并放稳垫层和垫条。开动试验机，当上压板与试件接近时，调整球座，使接触均衡。

（4）连续均匀加载。加载速度为：混凝土抗压强度等级低于C30时，为0.02～0.05MPa/s；混凝土抗压强度等级在C30~C60时，为0.05～0.08MPa/s；混凝土抗压强度等级不低于C60时，为0.08～0.1MPa/s。当试件接近破坏而开始迅速变形时，停止调整试验机油门，直至试件破坏。记录破坏荷载 F（N）。

4.试验结果计算

按式（3-28）计算试件的抗拉强度（精确至0.1MPa）：

$$f_{ts} = \frac{F}{A} \tag{3-28}$$

式中 f_{ts}——混凝土立方体试件抗拉强度，MPa；

F——最大破坏载荷，N；

A——试件受压面积，mm²。

以3个试件的算术平均值作为该组试件的劈裂抗拉强度值。3个测定值中的最大值或最小值中，如有1个与中间值的差值超过中间值15%时，则舍去最大及最小值，取中间值作为该组试件的抗拉强度值；如两个测定值与中间值的差值均超过中间值的15%，则此组试验无效。

混凝土劈裂抗压强度值以150mm×150mm×150mm试件测定值为标准值，对100mm×100mm×100mm非标准试件时其换算系数为0.85。此外，本方法测得的为混凝土劈裂抗拉强度值，如需获取轴心抗拉强度，可另通过轴向拉伸试验获得；或根据经验，可采用劈裂抗拉强度值乘以0.9的换算系数得到。

3.3.7 普通混凝土抗折强度试验

1.试验目的

（1）了解混凝土抗折强度的检测试验方法；

（2）掌握万能试验机等仪器设备的使用方法。

2.标准及适用范围

（1）普通混凝土抗折强度试验主要参考国家标准《混凝土物理力学性能试验方法标准》GB/T 50081—2019中的相关规定；

（2）本方法适用于150mm×150mm×600mm或150mm×150mm×550mm的棱柱体标准试件，以及100mm×100mm×400mm的棱柱体非标准试件；

（3）每组3块试件，试件要求长向中部1/3区段内表面不得有直径超过5mm、深度超过2mm的孔洞。

3.主要仪器设备

（1）压力试验机：试验机的精度应不低于±2%，量程应能使试件的预期破坏荷载值不小于全量程的20%，也不大于全量程的80%；

（2）抗折试验装置1套；

（3）直尺、扳手等。

4.试验步骤

（1）试件制作及养护方法与3.3.5节相同。

（2）取出试件擦干水分，测量其尺寸并记录支座跨距L、试件截面高度h、试件截面宽度b，精确至1mm。

（3）将试件安放在压力机下的抗折试验装置上，试件承压面不能为试件浇筑面，且支座及承压面与圆柱接触面应平稳均匀，否则应先垫平。开动试验机，当上压板与试件承压圆柱接近时，试验机示数清零。

（4）连续、均匀施加载荷加压。加载速度为：混凝土强度等级低于C30时，为0.02～0.05MPa/s；混凝土强度等级高于C30小于C60时，为0.05～0.08MPa/s；混凝土强度等级不低于C60时，为0.08～0.1MPa/s。当试件接近破坏而开始迅速变形时，停止调整试验机油门，直至试件破坏。记录破坏荷载F（N），以及试件下边缘断裂位置，如图3-20所示。

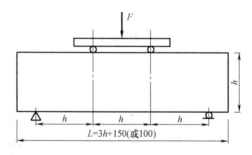

图3-20 混凝土抗折试验示意图

5.试验结果计算

按式（3-29）计算试件的抗折强度（精确至0.1MPa）：

$$f_f = \frac{FL}{bh^2} \tag{3-29}$$

式中 f_f——混凝土试件抗折强度，MPa；

              F——最大破坏载荷，N；

  L、h、b——分别为支座跨距、试件截面高度和宽度，mm。

以3个试件的算术平均值作为该组试件的抗压强度值。3个试件中若有1个断裂面位于两个集中荷载之外，混凝土抗折强度按另外两个试件计算。若两个测定值的差值不大于最小值的15%时，以该两个测值的平均值为抗折强度值，否则此组试验结果无效；如有两个试件断裂面位于两个集中荷载之外，则此组试验无效。

混凝土的抗折强度值以150mm×150mm×600mm或150mm×150mm×550mm试件的抗折强度值为标准值，用其他尺寸试件测得的强度值，均应乘以相应的尺寸效应换算系数，对100mm×100mm×400mm试件为0.85；当混凝土强度等级大于C60时，应采用标准试件进行，若采用非标准试件，换算系数须由试验确定。

3.3.8 普通混凝土轴心抗压试验

1.试验目的

（1）了解混凝土棱柱体试件轴心抗压强度的试验方法，为工程设计提出设计参数和抗压弹性模量试验荷载标准等；

（2）了解试验机、振动台等设备使用方法，以及试件浇筑、养护方法。

2.主要仪器设备

（1）压力试验机、振动台等设备要求与3.3.5节相同；

（2）试模：试模由铸铁或钢制成，有足够的刚度并拆装方便，试模内表面应机械加工，为150mm×150mm×300mm的卧式棱柱体模具。

3.试验步骤

（1）按照混凝土配制强度要求配制、养护混凝土棱柱体试件3件，并放入养护室或养护箱进行标准养护，至规定龄期。

（2）自养护室取出试件，擦干水分并在中部测量其尺寸（精确至1mm），计算试件受压面积A（mm²）。

（3）将试件安放在压力机下承压板上，试件承压面应与成型时的顶面垂直，试件中心应与试验机下压板中心对准。开动试验机，当上压板与试件接近时，调整球座，使其接触均衡。

（4）连续均匀施加荷载加压。加荷速度与立方体抗压强度试验一致，即：混凝土强度等级低于C30时，为0.3～0.5MPa/s；混凝土强度等级为C30~C60时，为0.5～0.8MPa/s；混凝土强度等级不低于C60时，为0.8～1.0MPa/s。当试件接近破坏而开始迅速变形时，停止调整试验机油门，直至试件破坏。记录破坏荷载F（N）。

4.试验结果计算

按式（3-30）计算试件的抗压强度（精确至0.1MPa）：

$$f_{cp} = \frac{F}{A} \qquad (3-30)$$

式中　f_{cp}——混凝土立方体试件抗压强度，MPa；

　　　F——最大破坏载荷，N；

　　　A——试件受压面积，mm²。

以3个试件的算术平均值作为该组试件的抗压强度值。3个测定值中的最大值或最小值中，如有1个与中间值的差值超过中间值15%时，则舍去最大及最小值，取中间值作为该组试件的抗压强度值；如两个测定值与中间值的差值均超过中间值的15%，则此组试验无效。

混凝土强度等级低于C60时，用非标准试件测得的强度值均应乘以尺寸换算系数，其值为：对200mm×200mm×400mm试件取1.05；对100mm×100mm×300mm试件取0.95。当混凝土强度等级不低于C60时，宜采用标准试件，使用非标准试件时，尺寸换算系数应由试验确定。

3.3.9 普通混凝土抗冻试验（快冻法）

1.试验目的

学习混凝土抗冻试验的方法，掌握快冻法试验的操作规程、注意事项以及相应试验设备的使用等。

2.主要仪器设备

图3-21 混凝土冻融试验机

（1）快速冻融装置（图3-21）：测温件、防冻液中心、中心与任一对角线两端的温度传感器，运转时各点温度极差不得超过2℃；

（2）试件盒：由弹性橡胶材料制成，尺寸（长×宽×高）为500mm×115mm×115mm；

（3）台秤：量程20kg，感量不大于5g；

（4）温度传感器测温范围–20～+20℃，精度±0.5℃。

3.试验步骤

（1）试件要求

试件应采用100mm×100mm×400mm的棱柱体，每组3块；试件成型时，不得采用憎水性隔离剂；制作冻融试件时，还应制作同样尺寸且中心埋有温度传感器的测温试件，其所用混凝土的抗冻性能应高于冻融试件，温度传感器应埋设在中心，且不应采用钻孔后插入的方式。

（2）快冻试验步骤

1）标准养护条件下的试件在养护24d时提前取出，随后将冻融试件放入20±2℃的水中浸泡，水面应高出试件顶面20～30mm，浸泡4d后在28d龄期时开始进行冻融；始终在水中养护的试件，在龄期达到28d时直接进行冻融，但应在报告中予以说明。

2）试件龄期达28d时取出，用湿布擦除表面水分。测量外观尺寸，编号，称量试件初始质量 W_{0i}，然后按规定测定其横向基频的初始值 f_{0i}。

3）将试件放入盒内，然后放入冻融箱，并注入清水，整个过程水位始终高出试件顶5mm，测温试件盒放在中心位置。

4）然后开始冻融循环，每次循环应在2～4h内完成，且融化时间不少于整个循环时间的1/4，冷冻和融化过程中，试件中心最低温度和最高温度分别控制在–18±2℃和5±2℃内，任意时刻试件中心温度位于–20~7℃，冷冻盒融化转换时间小于等于10min。

5）每隔25次测量试件横向基频 f_{ni}，测量前先清洗试件并擦干，然后检查外部损伤并称量质量 W_{ni}。测完后迅速放入箱内，继续试验，测量时应迅速，待测件用湿布覆盖。

6）当试件达到后续情况之一时，可停止试验：规定循环次数、相对动弹性模量下降到60%、质量损失率达5%。

4.试验结果计算

（1）按式（3-31）、式（3-32）计算相对动弹性模量（精确至0.1%）：

$$P_i = \frac{f_{ni}^2}{f_{0i}^2} \times 100 \tag{3-31}$$

$$P = \frac{1}{3}\sum_{i=1}^{3}P_i \qquad\qquad (3\text{-}32)$$

式中 P_i、P——分别为经 n 次循环后第 i 个试件和一组试件的相对动弹性模量，%；

f_{ni}——经 n 次循环后第 i 个试件的横向基频，Hz；

f_{0i}——冻融循环前第 i 个试件的横向基频初始值，Hz。

（2）质量损失率按式（3-33）、式（3-34）计算（精确至0.01%）：

$$\Delta W_{ni} = \frac{W_{0i} - W_{ni}}{W_{0i}} \times 100 \qquad\qquad (3\text{-}33)$$

$$\Delta W_n = \frac{1}{3}\sum_{i=1}^{3}\Delta W_{ni} \times 100 \qquad\qquad (3\text{-}34)$$

式中 ΔW_{ni}、ΔW_n——分别为 N 次循环后第 i 个试件和一组试件的质量损失率，%；

W_{ni}——经 n 次循环后第 i 个试件的质量，g；

W_{0i}——冻融循环前第 i 个试件的质量，g。

以3个试件的算术平均值作为该组试件的试验测定值。3个相对动弹性模量测定值中的最大值或最小值中，如有一个与中间值的差值超过中间值的15%时，剔除此值，取剩余两个的平均值；如有两个测定值与中间值的差值均超过中间值的15%，则取中间值；对于3个质量损失率，当某个结果出现负值，应取0，再取三个试件的平均值。当质量损失率最大或最小值与中间值之差超过1%时，应剔除此值，取剩余两个的平均值；如两个测定值与中间值的差值均超过中间值的1%，则取中间值。

混凝土抗冻等级应以相对动弹性模量下降至不低于60%或者质量损失率不超过5%时的最大循环次数来确定，用符号 F 表示。

3.3.10 普通混凝土抗水渗透试验

1.试验目的

了解渗水高度法测定混凝土抗水渗透性能的试验方法，并熟悉相关仪器的操作使用。

2.主要仪器设备

（1）混凝土抗渗仪（图3-22）：施加水压力范围为0.1~2.0MPa；

（2）试模：上口内径175mm，下口内径185mm，高150mm的圆台体；

（3）密封材料宜用石蜡加松香或水泥加黄油等，也可用橡胶套等其他有效材料；

（4）梯形板、钢尺、钟表、加压器、铁锅、钢丝刷等。

3.试验步骤

（1）制作1组6件试件，拆模后用钢丝刷刷去两端面的水泥浆膜，然后进行标准养护。

（2）达到试验龄期前1天，取出试件并擦拭干净，然后进行密封。用石蜡密封时，应在试件侧面涂一层熔化且

图3-22 混凝土抗渗仪

加少量松香的石蜡，然后用螺旋加压器将试件压入试模中，并在试模变冷后解除压力。用水泥加黄油密封时，其质量比应为（2.5~3）：1，厚度应为1~2mm。

（3）试件准备好之后，启动抗渗仪。开通6个试位下的阀门，使水从孔中渗出，水充

满试位坑后，关闭阀门并将密封好的试件安装在抗渗仪上。

（4）试件安装好后，立即开通试位下的阀门，保持水压在24h内恒定在1.2±0.05MPa，且加压过程不大于5min。以达到稳定压力的时间作为试验记录起始时间（精确至1min）。稳压过程中观察端面的渗水情况，当有一个试件端面出现渗水时，停止该试件的试验并记录时间，以试件高度作为该件的渗水高度。对未出现渗水的情况，在试验24h后停止试验并取出。试验过程中若从周边渗出水，应重新密封试件进行试验。

（5）将抗渗仪上取出的试件，用压力机以劈裂试验的方法将试件沿纵断面劈为两半，试件劈开后，用防水笔画出水痕，并用梯形板放在劈裂面上，用钢尺沿水痕等间距测量10个测点的渗水高度值，读数精确至1mm，若读数时遇到某点被集料阻挡，以靠近骨料两端的渗水高度算术平均值为该测点的渗水高度。

4.试验结果计算

按式（3-35）、式（3-36）计算渗水高度值（精确至1mm）：

$$\bar{h}_i = \frac{1}{10}\sum_{j=1}^{10} h_j \qquad (3\text{-}35)$$

$$\bar{h} = \frac{1}{6}\sum_{i=1}^{6} \bar{h}_i \qquad (3\text{-}36)$$

式中 $\bar{h}_i$、$\bar{h}$——分别为第 i 个试件和1组试件的平均渗水高度，mm；

h_j——第 i 个试件第 j 个测点处的渗水高度，mm。

3.3.11 普通混凝土含气量试验

1.试验目的

了解混凝土拌合物（最大集料粒径小于等于40mm）含气量测定的方法与操作规程，并熟悉相关仪器设备的使用。

2.主要仪器设备

（1）含气量测定仪（图3-23）：由容器和盖体组成，容器内径与深度相等，容积为7L，盖体应包括气室、水找平室、加水阀、排水阀、操作阀、进气阀、排气阀及压力表，压力表量程为0～0.25MPa，精度0.01MPa，容器与盖体间有密封垫圈，用螺栓连接；

（2）振动台、捣棒、橡皮锤；

（3）台秤：称量50kg，感量50g。

3.试验步骤

（1）测定集料含气量

1）首先按式（3-37）、式（3-38）计算试样中粗细集料质量。

$$m_g = \frac{V}{1000} \times m'_g \qquad (3\text{-}37)$$

$$m_s = \frac{V}{1000} \times m'_s \qquad (3\text{-}38)$$

式中 m_g、m_s——分别为每个试样中的粗、细集料质量，kg；

m'_g、m'_s——分别为每立方米拌合物中的粗、细集料质量，kg；

V——含气量测定仪容器容积，L。

图3-23 混凝土含气量测定仪

2）加入集料：容器中先注入 1/3 高度的水，再把过 40mm 筛的粗细集料称好、拌匀，慢慢倒入容器。水面每升高 25mm 左右，轻轻插捣 10 次，以排除空气，加料过程中始终保持水面高出集料的顶面。全部加入后，浸泡 5min，再用橡皮锤敲击容器外壁，排净气泡，除去泡沫，加满水，最后装好密封圈，加盖拧紧螺栓。

3）关闭操作阀和排气阀，打开排水阀和加水阀。通过加水阀向容器内注水，当排水阀排出的水流不含气泡时，同时关闭加水阀和排水阀。

4）开启进气阀，向气室内注入空气，使气室内压力稳定在 0.1MPa。

5）开启排气阀，使气室内空气进入容器，待压力表显示稳定后记录示值 P_{g1}，然后开启排气阀，压力表示值应回零。

6）重复 4）、5）两步的操作，再检测记录压力表值 P_{g2}。

7）若两次测值相对误差小于 0.2% 时，取其算术平均值，按压力与含气量关系曲线查得集料的含气量（精确至 0.1%）；若不满足，则再次进行试验，直至有两次试验测值相对误差不大于 0.2% 时，取其平均值作为试验结果。

（2）测定混凝土拌合物含气量

1）用湿布擦净容器和盖内表面，装入混凝土试样。

2）采用机械或人工捣实。坍落度大于 70mm 时，宜用人工插捣，不大于 70mm 时，宜用机械振捣。人工插捣时，应分 3 层装入，每次装 1/3，后由边缘向中心插捣 25 次，再用木槌重击容器壁 10~15 次，最后一层装料避免过满。采用机械捣实时，一次装入，振实过程中随时添加。

3）捣实完毕后刮平，表面如有凹陷应填平抹光，如需测表观密度，此时可称重计算，然后在正对操作阀孔的混凝土拌合物表面贴一小片塑料薄膜，擦净容器上口边缘，密封后加盖拧紧螺栓。

4）关闭操作阀和排气阀，打开排水阀和加水阀，通过加水阀向容器内注水，当排水阀排出的水流不含气泡时，同时关闭加水阀和排水阀。

5）开启进气阀，向气室内注入空气，使气室内压力稳定在 0.1MPa。

6）开启排气阀，使气室内空气进入容器，待压力表显示稳定后记录示值 P_{g1}，然后开启排气阀，压力表示值应回零。

7）重复 5）、6）两步的操作，再检测记录压力表值 P_{g2}。

8）若两次测值相对误差小于 0.2% 时，取其算术平均值，按压力与含气量关系曲线查得含气量 A_0（精确至 0.1%）；若不满足，则再次进行试验，直至有两次的测值相对误差不大于 0.2% 时，取平均值。

4.试验结果计算

按式（3-39）计算混凝土拌合物含气量（精确至 0.1%）：

$$A = A_0 - A_g \qquad (3-39)$$

式中　　　A——混凝土拌合物含气量，%；

　　A_0、A_g——分别为两次含气量平均值和集料含气量，%。

3.3.12　思考题

1. 简述混凝土的和易性，以及坍落度试验和维勃稠度试验的区别和适用范围。

2. 试总结混凝土立方体抗压强度、抗拉强度和抗折强度试验的操作要点，以及强度换算、相互之间的关系等。

　　3. 混凝土轴心抗压强度与立方体抗压强度有何区别?

　　4. 混凝土冻融试验的具体要求和计算指标有哪些?

　　5. 试述渗水高度法测量混凝土渗透性时对渗透压力和加压时间的要求。

　　6. 简述混凝土含气量试验的主要步骤。

3.4　自密实混凝土性能试验

3.4.1　概述

　　自密实混凝土(SCC),是高性能混凝土的发展方向,指具有高流动性、均匀性和稳定性,浇筑时不需要附加振动,在自身重力作用下,能够流动并完全充满模板空间的混凝土。自密实混凝土与普通混凝土的区别在于对拌合物工作性能的要求不同,主要包括流动性、填充性、黏聚力、钢筋间隙通过性和抗离析性等指标。一般情况下,这些指标并不要求同时达到最佳,而主要根据自密实混凝土的工程应用特点,重点要求其中一项或几项。

　　目前,自密实混凝土的发展很快,其应用也更加广泛,对其主要性能指标也有广泛一致认识。然而,国内外对其指标的测试方法和标准并不统一,不同行业不同地区均有自己的标准和要求。因此,本试验内容主要参考厦门建筑科学研究院等单位编写的行业标准《自密实混凝土应用技术规程》JGJ/T 283—2012中的规定进行编写,主要包括坍落扩展度和扩展时间试验、J环扩展度试验、离析率筛析试验和粗集料振动离析率跳桌试验。其他性能指标及要求见表3-20。

自密实混凝土拌合物的自密实性能及要求　　　　　　　　　　　　　　　表3-20

自密实性能	性能指标	性能等级	技术要求
填充性	坍落扩展度(mm)	SF_1	550~655
		SF_2	660~755
		SF_3	760~850
	扩展时间 T_{500}(s)	VS_1	≥2
		VS_2	<2
间隙通过性	坍落扩展度与J环扩展度差值(mm)	PA_1	25<PA_1≤50
		PA_2	0≤PA_2≤25
抗离析性	离析率(%)	SR_1	≤20
		SR_2	≤15
	粗集料振动离析率(%)	f_m	≤10

3.4.2　坍落扩展度和扩展时间试验

1.试验目的

　　(1)了解自密实混凝土填充性试验的方法;

　　(2)掌握自密实混凝土坍落扩展度和扩展时间试验的操作方法和流程,并思考其与普通混凝土坍落度试验的区别。

2.主要仪器设备

　　(1)混凝土坍落度筒;

　　(2)底板为硬质不吸水的光滑正方形平板,边长应为1000mm,最大挠度不得超过

3mm，并应在平板表面标出坍落度筒的中心位置和直径分别为200mm、300mm、500mm、600mm、700mm、800mm及900mm的同心圆，如图3-24所示。

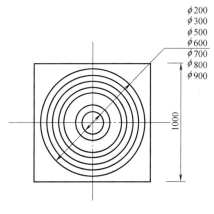

图3-24　底板示意图

3.试验步骤

（1）应先润湿底板和坍落度筒，坍落度筒内壁和底板上应无明水；底板应放置在坚实的水平面上，并把筒放在底板中心，然后用脚踩住两边的脚踏板，坍落度筒在装料时应保持在固定的位置。

（2）应在混凝土拌合物不产生离析的状态下，利用盛料容器使混凝土拌合物一次性均匀填满坍落度筒，且不得捣实或振动。

（3）应采用刮刀刮除坍落度筒顶部及周边混凝土余料，使混凝土与坍落度筒的上缘齐平后，随即将坍落度筒沿铅直方向匀速地向上快速提起300mm左右的高度，提起时间控制在2s内。待混凝土停止流动后，测量展开圆形的最大直径，以及与最大直径呈垂直方向的直径。自开始填料至填充结束的时间应控制在1.5min内，坍落度筒提起至测量拌合物扩展直径结束应控制在40s之内。

（4）测定扩展度达500mm的时间（T_{500}）时，应自坍落度筒提起离开地面时开始，至扩展开的混凝土外缘初触平板上所绘直径500mm的圆周为止，应采用秒表测定时间，精确至0.1s。

4.试验结果计算

混凝土的扩展度应为混凝土拌合物坍落扩展终止后扩展面相互垂直的两个直径的平均值，测量精确至1mm，结果修约至5mm。

应观察最终坍落后的混凝土状况，当粗集料在中央堆积或最终扩展后的混凝土边缘有水泥浆析出时，可判定混凝土拌合物抗离析性不合格。

3.4.3　J环扩展度试验

1.试验目的

（1）了解自密实混凝土间隙通过性试验的方法；

（2）掌握自密实混凝土J环扩展度试验的操作方法和流程。

2.主要仪器设备

（1）J环应采用钢或不锈钢，圆环中心直径和厚度应分别为300mm、25mm，并用螺母和垫圈将16根ϕ16mm×100mm圆钢锁在圆环上，圆钢中心间距应为58.9mm，如图3-25所示；

（2）混凝土坍落度筒；

（3）底板应采用硬质不吸水的光滑正方形平板，边长应为1000mm，最大挠度不得超过3mm。

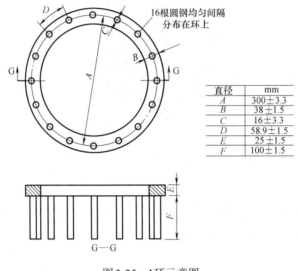

图3-25　J环示意图

3.试验步骤

（1）应先润湿底板、J环和坍落度筒，坍落度筒内壁和底板上应无明水。底板应放置在坚实的水平面上，J环应放在底板中心。

（2）将坍落度筒倒置在底板中心，并应与J环同心。然后将混凝土一次性填充满坍落度筒。

（3）采用刮刀刮除坍落度筒顶部及周边混凝土余料，随即将坍落度筒沿垂直方向连续地向上提起300mm，提起时间宜为2s。待混凝土停止流动后，测量展开扩展面的最大直径以及与最大直径垂直的直径。自开始填料至提起坍落度筒的时间应控制在1.5min内。

4.试验结果计算

J环扩展度应为混凝土拌合物坍落扩展终止后扩展面相互垂直的两个直径的平均值，测量应精确至1mm，结果修约至5mm。

自密实混凝土间隙通过性性能指标（PA）结果应为测得混凝土坍落扩展度（见3.4.2节）与J环扩展度的差值。

应目视检查J环圆钢附近是否有集料堵塞，当粗集料在J环圆钢附近出现堵塞时，可判定混凝土拌合物间隙通过性不合格。

3.4.4　离析率筛析试验

1.试验目的

（1）了解自密实混凝土抗离析性试验的方法；

（2）掌握筛析试验法测试自密实混凝土抗离析性的操作方法和流程，并了解其应用范围，以及与跳桌试验的区别。

2.主要仪器设备

（1）天平，称量10kg，感量5g；

（2）试验筛，应选用公称直径为5mm的方孔筛；

（3）盛料器，应采用钢或不锈钢，内径为208mm，上节高度为60mm，下节带底净高为234mm，在上、下层连接处需加宽3~5mm，并设有橡胶垫圈，如图3-26所示。

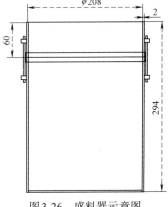

图3-26 盛料器示意图

3.试验步骤

（1）应先取10±0.5L混凝土置于盛料器中，放置在水平位置上，静置15±0.5min。

（2）将方孔筛固定在托盘上，然后将盛料器上节混凝土移出，倒入方孔筛；用天平称量其质量 m_0，精确到1g。

（3）倒入方孔筛静置120±5s后，先把筛及筛上的混凝土移走，用天平称量从筛孔流到托盘上的浆体质量 m_1，精确到1g。

4.试验结果计算

混凝土拌合物离析率（SR）应按式（3-40）计算：

$$SR = \frac{m_1}{m_0} \times 100\% \qquad (3-40)$$

式中　SR——混凝土拌合物离析率，%（精确到0.1%）；

　　　m_1——通过标准筛的砂浆质量，g；

　　　m_0——倒入标准筛混凝土的质量，g。

3.4.5 粗集料振动离析跳桌试验

1.试验目的

（1）了解自密实混凝土抗离析性试验的方法；

（2）掌握粗集料振动跳桌试验法测试自密实混凝土抗离析性的操作方法和流程，并了解其应用范围，以及与筛析试验有何不同。

2.主要仪器设备

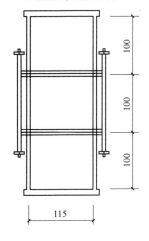

图3-27 检测筒示意图

（1）检测筒，应采用硬质、光滑、平整的金属板制成，内径为115mm，外径为135mm，分三节，每节高度均为100mm，并应用扣件固定，如图3-27所示；

（2）跳桌，振幅为25±2mm；

（3）天平，称量10kg，感量5g；

（4）试验筛，应选用公称直径为5mm的方孔筛。

3.试验步骤

（1）将自密实混凝土拌合物用料斗装入稳定性检测筒内，至拌合物与料斗口齐平为止，垂直移走料斗，静置1min，用抹刀将多余的拌合物除去并抹平，且不得压抹。

（2）将检测筒放置在跳桌上，每秒转动一次摇柄，使跳桌跳动25次。

（3）分节拆除检测筒，并将每节筒内拌合物装入孔径为5mm的试验筛中，用清水冲洗拌合物，筛除浆体和细集料，将剩余的粗集料用海绵拭干表面的水分，用天平称其质量，精确到1g，分别得到上、中、下三段拌合物中粗集料的湿重m_1、m_2和m_3。

4.试验结果计算

粗集料振动离析率应按下式计算：

$$f_{\mathrm{m}} = \frac{m_3 - m_1}{\overline{m}} \times 100\% \qquad (3-41)$$

式中　f_m——粗集料振动离析率，%（精确到0.1%）；

　　　$\overline{m}$——三段混凝土拌合物中湿集料质量的平均值，g；

　　　m_1——上段混凝土拌合物中湿集料的质量，g；

　　　m_3——下段混凝土拌合物中湿集料的质量，g。

3.4.6　自密实混凝土试件成型方法

1.试验目的

了解自密实混凝土试件的成型方法，并注意其与普通混凝土试件成型方法的异同点。

2.主要设备和工具

（1）试模，应符合现行有关标准的规定；

（2）盛料容器；

（3）铲子、抹刀等。

3.试件制作步骤及规定

（1）成型前，应检查试模尺寸，并对试模表面涂一薄层矿物油或其他不与混凝土发生反应的隔离剂。

（2）拌制混凝土，其材料用量应以质量计，且计量允许偏差应符合表3-21的规定。

原材料计量允许偏差（%）　　　　　　　　　　表3-21

原材料品种	水泥	集料	水	外加剂	掺合料
计量允许偏差	±0.5	±1	±0.5	±0.5	±0.5

（3）取样或实验室拌制的自密实混凝土在拌制后，应尽快成型，不宜超过15min；取样或拌制好的混凝土拌合物应至少拌三次，再装入盛料器。分两次将混凝土拌合物装入试模，每层的装料厚度宜相等，中间间隔10s，混凝土拌合物应高出试模口，不应使用振动台或插捣方法成型。然后将试模上口多余的混凝土刮除，并用抹刀抹平。

3.4.7　思考题

1. 自密实混凝土与普通混凝土有何区别？

2. 自密实混凝土的性能主要包括哪些方面？

3. 坍落扩展度和J环扩展度有什么不同？

4. 离析率筛析试验和振动离析跳桌试验有什么区别？各自的应用范围是什么？

3.5　建筑砂浆试验

3.5.1　概述

砂浆，是建筑上砌砖时使用的黏结物质，由一定比例的砂和胶结材料（水泥、石灰膏、黏土等）加水制成，也叫灰浆，或作砂浆。常用的砂浆有水泥砂浆、混合砂浆（或叫水泥石灰砂浆）、石灰砂浆和黏土砂浆等；按照用途又常分为砌筑砂浆和抹面砂浆等。

建筑砂浆性能试验主要以《建筑砂浆基本性能试验方法》JGJ/T 70—2009为依据，主要包括砂浆稠度、砂浆分层度、表观密度、保水性、收缩性、含气量和抗压强度试验等内容。试验用砂浆取样方法应符合以下要求：

（1）建筑砂浆试验用料应根据不同要求，可从同一盘搅拌机或同一车运送的成品砂浆中取样。实验室取样时，可从机械拌合或人工拌合的砂浆中取样；

（2）施工中取样进行试验时，取样方法和原则应按相应的施工验收规范进行。应在不同使用地点的砂浆槽、运送车或搅拌机出料口，至少从三个不同部位取料，所取样品数量应多于试验用料的1~2倍；

（3）砂浆拌合物取样后，应尽快进行试验；对现场所取样品，试验前应经人工再次翻拌，保证其质量均匀。

3.5.2 砂浆稠度试验

1.试验目的

（1）掌握砂浆拌合物实验室制备的方法；

（2）掌握砂浆稠度的测试方法，确定砂浆等级，并判断是否符合设计要求。

2.主要仪器设备

（1）砂浆搅拌机、拌合铁板；

（2）砂浆稠度仪：由试锥、容器和支座三部分组成，如图3-28、图3-29所示；

（3）磅秤：称量50kg，感量50g；台秤：称量10kg，感量5g；

（4）砂浆搅拌锅、铁铲、捣棒、秒表、拌铲、抹刀、量筒、盛器等。

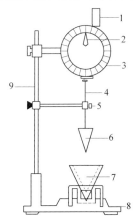 

图3-28 砂浆稠度仪示意图 　　　　图3-29 砂浆稠度仪（机械读数、自动读数）

1—齿条测杆；2—指针；3—刻度盘；4—滑杆；5—制动螺栓；
6—试锥；7—盛浆容器；8—底座；9—支架

3.试验步骤

（1）砂浆拌合物的实验室制备

1）人工拌合

① 将称量好的砂倒在拌板上，然后加入水泥，用拌铲拌合至混合物颜色均匀为止。

② 将混合物堆成一堆，在中间作一凹槽，将称好的石灰膏（或黏土膏）倒入凹槽中（若为水泥砂浆，则将称好的水的一半倒入凸槽中），再加入适量的水将石灰膏（或黏土膏）调稀，然后与水泥、砂共同拌合，用量筒逐次加水并拌合，直至拌合物色泽一致，和易性凭经验调整至符合要求为止。水泥砂浆每翻拌一次，需用铲将全部砂浆压切一次。一般需拌合 3~5min（从加水完毕时算起）。

2）机械拌合

① 先拌适量砂浆（应与正式拌合的砂浆配合比相同），使搅拌机内壁黏附一薄层水泥砂浆，使正式拌合时的砂浆配合比准确。

② 先称出各材料用量，再将砂、水泥装入搅拌机内。

③ 开动搅拌机，将水徐徐加入（混合砂浆需将石灰膏或黏土膏用水稀释至浆状），搅拌约3min（搅拌的用量不宜少于搅拌容量的20%，搅拌时间不宜少于2min）。

④ 将砂浆拌合物倒入拌合铁板上，用拌铲翻拌约两次，使之均匀。

（2）砂浆稠度测定

1）将盛浆容器和试锥表面用湿布擦干净，检查滑杆能否自由滑动。

2）将砂浆拌合物一次装入容器，使砂浆表面低于容器口约10mm，用捣棒自容器中心向边缘插捣25次，然后轻轻地将容器摇动或敲击5~6下，使砂浆表面平整，随后将容器置于稠度测定仪的底座上。

3）放松试锥滑杆的制动螺栓，使试锥尖端与砂浆表面接触，拧紧制动螺栓，使齿条侧杆下端刚接触滑杆上端，并将指针对准零点位置。

4）突然松开制动螺栓，使试锥自由沉入砂浆中。10s后，立即固定螺栓，将齿条测杆下端接触滑杆上端，从刻度盘上读出下沉深度（精确至1mm），即为砂浆的稠度值。

5）圆锥形容器内的砂浆，只允许测定一次稠度，重复测定时，应重新取样测定。

4.试验结果计算

取两次试验结果的算术平均值作为砂浆稠度的测定结果，计算值精确至1mm。若两次试验值之差大于20mm，则应另取砂浆搅拌后重新测定。

3.5.3 砂浆分层度试验

1.试验目的

了解砂浆拌合物分层度的试验方法，以及在实际工程应用中的意义。

2.主要仪器设备

（1）砂浆分层度筒（图3-30、图3-31）；

（2）振动台；

（3）砂浆稠度仪、木槌等。

3.试验步骤

（1）标准法

1）测定砂浆拌合物的稠度。

2）将砂浆拌合物一次装入分层度筒内，装满后，用木槌在筒周围距离大致相等的四个不同部位轻轻敲击1~2下，当砂浆沉落至低于筒口时，随时添加，然后刮去多余部分并抹平表面。

3）静置30min后，去掉上节200mm砂浆，然后将剩余100mm砂浆倒在拌合锅内，拌合2min，再测其稠度。测得的前后稠度之差为分层度值。

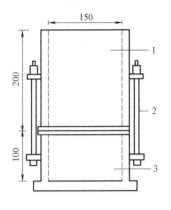

图3-30　砂浆分层度筒示意图
1—无底圆筒；2—连接螺栓；3—有底圆筒

图3-31　砂浆分层度筒

（2）快速法

1）测定砂浆拌合物的稠度。

2）将分层度筒固定在振动台上，将砂浆拌合物一次性装入筒内，振动20s。

3）去掉上节200mm砂浆，将剩余100mm砂浆倒在拌合锅内，拌合2min，再测其稠度。测得的前后稠度之差为分层度值。

4.结果计算

两次测得的稠度值之差，即为该砂浆拌合物的分层度值。当两种方法测量的结果有争议时，以标准法测得的结果为准。

3.5.4　砂浆表观密度试验

1.试验目的

了解砂浆表观密度的试验方法及测定砂浆拌合物捣实后的单位体积质量，以确定每立方米砂浆拌合物中各组成材料的实际用量。

2.试验仪器

（1）容量筒：应由金属制成，内径应为108mm，净高应为109mm，筒壁厚应为2~5mm，容积应为1L；

（2）天平：称量应为5kg，感量应为5g；

（3）钢制捣棒：直径为10mm，长度为350mm，端部磨圆；

（4）砂浆密度测定仪（图3-32、图3-33）；

（5）振动台：振幅应为0.5±0.05mm，频率应为50±3Hz；

（6）秒表。

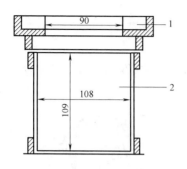

图 3-32　砂浆密度测定仪示意图　　　　　　图 3-33　砂浆密度测定仪
1—漏斗；2—容量筒

3. 试验步骤

（1）根据砂浆稠度试验的要求测定砂浆拌合物的稠度。

（2）先采用湿布擦净容量筒的内表面，再称量容量筒质量 m_1（g），精确至 5g。

（3）捣实可采用手工或机械方法。当砂浆稠度大于 50mm 时，宜采用人工插捣法；当砂浆稠度不大于 50mm 时，宜采用机械振动法。

采用人工插捣时，将砂浆拌合物一次装满容量筒，使拌合物稍有富余，用捣棒由边缘向中心均匀地插捣 25 次。当插捣过程中砂浆沉落到低于筒口时，应随时添加砂浆，再用木槌沿容器外壁敲击 5~6 下。

采用振动法时，将砂浆拌合物一次性装满容量筒并连同漏斗在振动台上振动 10s，当振动过程中砂浆沉入到低于筒口时，应随时添加砂浆。

（4）捣实或振动后，应将筒口多余的砂浆拌合物刮去，使砂浆表面平整，然后将容量筒外壁擦净，称出砂浆与容量筒总质量 m_2（g），精确至 5g。

4. 结果计算

砂浆拌合物的表观密度应按式（3-42）计算：

$$\rho = \frac{m_2 - m_1}{V} \times 1000 \qquad (3\text{-}42)$$

式中　ρ——砂浆拌合物的表观密度，kg/m³；

　　　m_1——容量筒质量，kg；

　　　m_2——容量筒及试样质量，kg；

　　　V——容量筒容积，L。

取两次试验结果的算术平均值作为测定值，精确至 10kg/m³。

5. 容量筒的容积校正

（1）选择一块能覆盖住容量筒顶面的玻璃板，称出玻璃板和容量筒质量。

（2）向容量筒中灌入温度为 20±5℃的饮用水，灌到接近上口时，一边不断加水，一边把玻璃板沿筒口徐徐推入盖严。玻璃板下不得存在气泡。

（3）擦净玻璃板面及筒壁外的水分，称量容量筒、水和玻璃板质量（精确至 5g）。两次质量之差（以"kg"计）即为容量筒的容积 V（L）。

3.5.5　砂浆保水性试验

1. 试验目的

了解砂浆保水性测试原理及方法，保水性试验的操作过程。

2.试验仪器和材料

（1）金属或硬塑料圆环试模：内径应为100mm，内部高度应为25mm；

（2）可密封的取样容器：需保证清洁、干燥；

（3）2kg的重物；

（4）金属滤网：网格尺寸45μm，圆形，直径为110±1mm；

（5）超白滤纸：应采用现行国家标准《化学分析滤纸》GB/T 1914—2017规定的中速定性滤纸，直径应为110mm，单位面积质量应为200g/m²；

（6）2片金属或玻璃的方形或圆形不透水片，边长或直径应大于110mm；

（7）天平：量程为200g，感量应为0.1g；量程为2000g，感量应为1g；

（8）烘箱。

3.试验步骤

（1）称量底部不透水片与干燥试模质量m_1（g）和15片中速定性滤纸质量m_2（g）。

（2）将砂浆拌合物一次性装入试模，并用抹刀插捣数次，当装入的砂浆略高于试模边缘时，用抹刀以45°角一次性将试模表面多余的砂浆刮去，然后再用抹刀以较平的角度在试模表面反方向将砂浆刮平。

（3）抹掉试模边的砂浆，称量试模、底部不透水片与砂浆总质量m_3（g）。

（4）用金属滤网覆盖在砂浆表面，再在滤网表面放上15片滤纸，用上部不透水片盖在滤纸表面，以2kg的重物把上部不透水片压住。

（5）静置2min后移走重物及上部不透水片，取出滤纸（不包括滤网），迅速称量滤纸质量m_4（g）。

（6）按照砂浆的配合比及加水量计算砂浆的含水率。

4.结果计算

砂浆保水率应按式（3-43）计算：

$$W = \left[1 - \frac{m_4 - m_2}{\alpha \times (m_3 - m_1)} \right] \times 100\% \qquad (3\text{-}43)$$

式中　W——砂浆保水率，%；

　　　m_1——干燥试模质量，g；

　　　m_2——15片中速定性滤纸质量，g；

　　　m_3——试模、底部不透水片与砂浆总质量，g；

　　　m_4——滤纸质量，g。

取两次试验结果的算术平均值作为测定值，精确至10kg/m³。

3.5.6 砂浆抗压强度试验

1.试验目的

(1) 掌握砂浆试件的制作过程及养护条件；

(2) 熟练掌握砂浆抗压强度的测试步骤，并熟悉相关仪器设备的使用。

2.主要仪器设备

(1) 试模：有底及无底、内壁边长为70.7mm的立方体金属试模；

(2) 压力试验机：试验机精度（示值的相对误差）不大于±2%，其量程应能使试件的预期破坏荷载值不小于全量程的20%，也不大于全量程的80%；

（3）捣棒、刮刀等。

3.试验步骤

（1）砂浆试件的制作及养护

1）用于吸水基底的砂浆，采用无底试模。将试模置于铺有一层吸水性较好的湿纸的普通黏土砖上（砖的吸水率不小于10%，含水率不大于2%），试模内壁涂刷薄层机油或隔离剂。向试模内一次注满砂浆，并使其高出模口，用捣棒均匀地由外向里按螺旋方向插捣25次，然后在四侧用刮刀沿试模壁插捣数次，砂浆应高出试模顶面6～8mm。当砂浆表面开始出现麻斑状态时（约15～30min），将高出模口的砂浆沿试模顶面削去抹平。

用于不吸水基底的砂浆，采用有底试模，不使水分流失。砂浆分两层装入试模，每层厚约40mm，用捣棒每层均匀插捣12次，沿试模壁用抹刀插捣数次。砂浆应高出试模顶面6～8mm，在1～2h内用刮刀刮掉多余的砂浆，并抹平表面。

2）试件制作后应在20±5℃温度环境下静置一昼夜（24±2h）。当气温较低时，可适当延长时间，但不应超过两昼夜。然后进行拆模编号，并在标准养护条件下，继续养护至28d，再进行试压。

标准养护条件为：水泥混合砂浆应为20±3℃，相对湿度60%～80%；水泥砂浆和微沫砂浆应为20±3℃，相对湿度在90%以上；养护期间，试件彼此间隔不小于10mm。

当无标准养护条件时，可采用自然养护。其条件是：水泥混合砂浆时应为正温度，相对湿度为60%~80%的不通风的室内或养护箱；水泥砂浆和微沫砂浆时应为正温度并保持试块表面湿润的状态（如湿砂堆中）。养护期间必须作好温度记录。在有争议时，以标准养护条件为准。

（2）砂浆抗压强度测试

1）试件从养护地点取出后，应尽快进行试验，以免试件内部的温湿度发生显著变化。先将试件擦干净，测量尺寸，并检查其外观。试件尺寸测量精确至1mm，并据此计算试件的承压面积。若实测尺寸与公称尺寸之差不超过1mm，可按公称尺寸进行计算。

2）将试件置于压力机的下压板上，试件的承压面应与成型时的顶面垂直，试件中心应与下压板中心对准。

3）开动压力机，当上压板与试件接近时，调整球座，使接触面均衡受压。加载应均匀连续，加载速度应为每秒钟0.5～1.5kN（砂浆强度不大于5MPa时，取下限为宜；大于5MPa时，取上限为宜），当试件接近破坏而开始迅速变形时，停止调整压力机油门，直至试件破坏。记录破坏荷载F。

4.结果计算

单个试件的抗压强度按式（3-44）计算（精确至0.1MPa）：

$$f_{m,cu} = \frac{F}{A} \tag{3-44}$$

式中　$f_{m,cu}$——砂浆立方体抗压强度，MPa；

　　　F——立方体破坏荷载，N；

　　　A——试件承压面积，mm²。

每组试件为6个，取6个试件测值的算术平均值作为该组试件的抗压强度值，平均值计算精确至0.1MPa，见表3-22。

当6个试件的最大值或最小值与平均值的差超过20%时，以中间四个试件的平均值作为该组试件的抗压强度值。

砂浆立方体抗压强度测试记录表　　　　　　表3-22

品　　种：　　　　　　　　　养护条件：　　　　　　　　　龄　期：

组别	试块尺寸(边长)(mm)	受压面积 A (mm²)	破坏荷重 N_u(N)						抗压强度测定值(MPa)	平均值(MPa)
			1	2	3	4	5	6		
1										
2										
3										

3.5.7　砂浆收缩试验

1.试验目的

了解砂浆收缩试验的方法和操作过程，测定砂浆的自然干燥收缩值。

2.仪器设备

（1）立式砂浆收缩仪：标准杆长度应为176±1mm，测量精度应为0.01mm，如图3-34所示；

（2）收缩头：应由黄铜或不锈钢加工而成；

（3）试模：应采用40mm×40mm×160mm棱柱体，且在试模的两个端面中心，应各开一个Φ6.5mm的孔洞。

图3-34　砂浆收缩仪

3.试验步骤

（1）将收缩头固定在试模两端面的孔洞中，收缩头应露出试件端面8±1mm。

（2）将拌合好的砂浆装入试模中，再用水泥胶砂振动台振动密实，然后置于20±5℃的室内，4h之后将砂浆表面抹平。砂浆应带模在标准养护条件（温度为20±2℃，相对湿度为90%以上）下养护7d后方可拆模，并编号、标明测试方向。

（3）将试件移入温度20±2℃、相对湿度60%±5%的实验室中预置4h，方可按标明的测试方向测定试件的初始长度。测定前，应先采用标准杆调整收缩仪百分表的原点。

（4）测定初始长度后，应将砂浆试件置于温度20±2℃、相对湿度为60%±5%的室内，然后在7d、14d、21d、28d、56d、90d分别测定试件的长度，即为自然干燥后长度。

4.结果计算

砂浆自然干燥收缩值应按式（3-45）计算：

$$\varepsilon_{at} = \frac{L_0 - L_t}{L - L_d} \qquad (3-45)$$

式中　ε_{at}——t天（7d、14d、21d、28d、56d、90d）时的砂浆试件自然干燥收缩值；

　　　L_0——试件成型后7d的长度即初始长度，mm；

　　　L——试件的长度，160mm；

　　　L_d——两个收缩头埋入砂浆中长度之和，即20±2mm；

　　　L_t——t天（7d、14d、21d、28d、56d、90d）时试件的实测长度，mm。

5.试验结果确定

（1）取3个试件测值的算术平均值作为干燥收缩值。当一个值与平均值偏差大于20%时，应剔除；当有2个值超过20%时，该组试件结果无效，需重新试验。

（2）每块试件的干燥收缩值应取两位有效数字，并精确至10×10^{-6}。

3.5.8 砂浆含气量试验

1.一般规定

砂浆含气量的测定可采用仪器法和密度法。当发生争议时，应以仪器法的测定结果为准。

2.试验目的

了解仪器法和密度法测试砂浆含气量的试验原理和方法，并熟悉仪器法和密度法测定砂浆含气量的操作过程。

3.仪器法

（1）本方法可用于采用砂浆含气量测定仪（图3-35）测定砂浆含气量。

图3-35　砂浆含气量测定仪

（2）试验步骤按下列要求进行：

1）量钵应水平放置，并将搅拌好的砂浆分三次均匀地装入量钵内。每层应由内向外插捣25次，并应用木槌在周围敲数下。插捣上层时，捣棒应插入下层10~20mm。

2）捣实后，应刮去多余砂浆，并用抹刀抹平表面，表面应平整、无气泡。

3）盖上测定仪钵盖部分，卡扣应卡紧，不得漏气。

4）打开两侧阀门，并松开上部微调阀，再用注水器通过注水阀门注水，直至水从排水阀流出。水从排水阀流出时，应立即关紧两侧阀门。

5）关紧所有阀门，并用气筒打气加压，再用微调阀调整指针为零。

6）按下按钮，刻度盘读数稳定后读数。

7）开启通气阀，压力仪示值回零。

8）重复5）~7）的步骤，对容器内试样再测一次压力值。

（3）试验结果应按下列要求确定：

1）当两次测值的绝对误差不大于0.2%时，应取两次试验结果的算术平均值作为砂浆的含气量；当两次测值的绝对误差大于0.2%时，则试验结果无效，需重新试验。

2）当所测含气量数值小于5%时，测试结果应精确到0.1%；当所测含气量数值大于或等于5%时，测试结果应精确到0.5%。

4.密度法

（1）密度法可以用于根据一定组成的砂浆的理论表观密度与实际表观密度的差值，确定砂浆中的含气量。

（2）砂浆理论表观密度可通过砂浆中各组成材料的表观密度与配比计算得到。

（3）砂浆实际表观密度可参照3.4.4节所述方法进行测定。

（4）砂浆含气量应按式（3-46）、式（3-47）计算：

$$A_c = \left(1 - \frac{\rho}{\rho_t}\right) \times 100\% \quad\quad\quad (3\text{-}46)$$

$$\rho_t = \frac{1 + x + y + W_c}{\dfrac{1}{\rho_c} + \dfrac{x}{\rho_s} + \dfrac{y}{\rho_p} + W_c} \quad\quad\quad (3\text{-}47)$$

式中　A_c——砂浆含气量的体积百分数，%（应精确至 0.1%）；

　　ρ——砂浆拌合物的实测表观密度，kg/m^3；

　　ρ_t——砂浆理论表观密度，kg/m^3（应精确至 $10kg/m^3$）；

　　ρ_c——水泥实测表观密度，g/cm^3；

　　ρ_s——砂的实测表观密度，g/cm^3；

　　W_c——砂浆达到指定稠度时的水灰比；

　　ρ_p——外加剂的实测表观密度，g/cm^3；

　　x——砂子与水泥的质量比；

　　y——外加剂与水泥用量之比，当 y 小于 1% 时，可忽略不计。

3.5.9　思考题

1. 建筑砂浆在进行性能试验时的取样要求是什么？
2. 砂浆稠度和砂浆分层度在实际工程应用中有什么意义？其测试方法分别是什么？
3. 简述砂浆表观密度和混凝土表观密度的试验方法的区别。
4. 如何计算砂浆保水率？
5. 砂浆抗压强度和胶砂抗压强度试验有什么区别？
6. 砂浆含气量的试验方法有哪些？各自都有什么具体要求？

3.6　砌体砖试验

3.6.1　概述

砌体砖指以黏土、工业废料或其他材料资源为主要原料，以不同工艺制造的、用于砌筑承重和非承重墙体或砌体的块材砖，砌体砖也是使用十分广泛的一种建筑材料。砌筑用砖主要有普通烧结砖、煤渣砖、烧结多孔砖、烧结空心砖和蒸压灰砂空心砖等。砌体砖与砂浆一般配合使用，组合形成砖砌体结构，其中砖作为砌体结构的骨架，其性能指标对结构的整体性能和安全稳定具有决定性作用。

本节内容主要根据《砌墙砖试验方法》GB/T 2542—2012，选取其中部分代表性试验进行详细介绍，包括常规的尺寸测量和外观质量检查、抗压抗折强度、孔洞率及孔洞结构测定等。

3.6.2　砌体砖尺寸测量及外观质量检查

1.试验目的

掌握砌体砖（普通砖、多孔砖、空心砖等）的尺寸偏差、外观质量的检查和测量方法。

2.主要仪器设备

（1）砖用卡尺：分度值为 0.5mm；

（2）钢直尺：分度值为 1mm。

3.试验步骤

（1）尺寸偏差测量

1）检验样品数为20块，当每一尺寸测量不足0.5mm时按0.5mm计，每一方向尺寸以两个测量值的算术平均值表示；

2）对于长度应在砖的两个大面的中间处分别测量两个尺寸；对于宽度应在砖的两个大面的中间处分别测量两个尺寸；对于高度应在两个条面的中间处分别测量两个尺寸。当被测处有缺损或凸出时，可在其旁边测量，但应选择不利的一侧。

（2）外观质量检查

1）缺损：缺棱掉角在砖上造成的破损程度，以破损部分对长、宽、高三个棱边的投影尺寸来度量，称为破坏尺寸。缺损造成的破坏面，指缺损部分对条面、顶面的投影面积；

2）裂纹：裂纹分为长度方向、宽度方向和水平方向三种，以被测方向的投影长度表示。如果裂纹从一个面延伸至其他面上时，则累计其延伸的投影长度；

3）弯曲：弯曲分别在大面和条面上测量，测量时将砖用卡尺的两支脚沿棱边两端放置，择其弯曲最大处将垂直尺推至砖面，但不应将因杂质或碰伤造成的凹处计算在内。以弯曲中测得的较大者作为测量结果；

4）杂质凸出高度：杂质在砖面上造成的凸出高度，以杂质距砖面的最大距离表示。测量时将砖用卡尺的两支脚置于凸出两边的砖平面上，以垂直尺测量。

4.试验结果评定

（1）尺寸偏差结果分别以长度、高度和宽度的最大偏差值表示，不足1mm的按1mm计。

（2）外观测量以"mm"为单位，不足1mm的，按1mm计。

3.6.3 砌体砖抗压强度试验

1.试验目的

掌握砌体砖抗压强度的测试方法、操作步骤，以及熟悉仪器设备的使用。

2.主要仪器设备

（1）压力试验机：300~500kN；

（2）切砖用锯切机；

（3）直尺、镘刀等。

3.试验步骤

（1）试件制备及养护

1）将试样切断或锯成两个半截砖，断开的半截砖长不得小于100mm，如果不足100mm，应另取备用试件补足；

2）在试件制备平台上，将已断开的半截砖放入室温的净水中，浸10~20min后取出，并以断口相反方向叠放，两者中间抹以厚度不超过5mm的用42.5级普通硅酸盐水泥调制的稠度适宜的水泥净浆来黏结，上下两面用厚度不超过3mm的同种水泥浆抹平。制成的试件上下两面须相互平行，并垂直于侧面；

3）制成的抹面试件应置于不低于10℃的不通风室内养护3d，然后再进行强度试验。

（2）抗压强度测试

1）测量每个试件连接面或受压面的长 L（mm）、宽 b（mm）尺寸各两次，分别取其平均值，精确至1mm；

2）将试件平放在加压板的中央，垂直于受压面施加荷载，加载应均匀平稳，不得发生冲击和振动。加载速度以5±0.5kN/s为宜，直至试件破坏为止。记录最大破坏荷载 P（N）。

4.试验结果计算

砌体砖试件的抗压强度计算及取值方法如下：

（1）单个试件的抗压强度按式（3-48）计算（精确至0.1MPa）：

$$f_{ci} = \frac{P}{Lb} \tag{3-48}$$

式中　　f_{ci}——砌体砖抗压强度，MPa；

　　　　P——最大破坏荷载，N；

　　L、b——分别为砖的长度、宽度，mm。

（2）每组试件为6个，取6个试件测值的算术平均值作为该组试件的抗压强度值，平均值计算精确至0.1MPa；当6个试件的最大值或最小值与平均值的差超过20%时，以中间4个试件的平均值作为该组试件的抗压强度值，见表3-23。

砌体砖抗压强度试验记录表　　表3-23

试样编号	试样尺寸（mm）		受压面积（mm²）	破坏荷载（N）	抗压强度（MPa）	单块砖抗压强度与平均值之差 $f_{ci} - \overline{R}_c$	单块砖抗压强度与平均值差值的平方 $(f_{ci} - \overline{R}_c)^2$
	长	宽					
10块砖抗压强度平均值 $\overline{R}_c = \frac{1}{10}\sum\limits_{i=1}^{10} f_{ci}$						$\sum\limits_{i=1}^{10}(f_{ci} - \overline{R}_c)^2$	

试验后分别按式（3-49）、式（3-50）计算出强度变异系数 δ、标准差 S：

$$\delta = \frac{S}{\overline{R}_c} \tag{3-49}$$

$$S = \sqrt{\frac{1}{9}\sum\limits_{i=1}^{10}(f_{ci} - \overline{R}_c)^2} \tag{3-50}$$

式中　　$\overline{R}_c$——10块砖样的抗压强度算术平均值，MPa；

　　　　f_{ci}——单块砖样抗压强度的测定值，MPa；

　　　　S——10块砖样的抗压强度标准差，MPa。

（1）平均值-标准值方法评定

变异系数δ≤0.21时，按抗压强度平均值$\bar{R}_c$、强度标准值f_k指标评定砖的强度等级。样本量$m=10$时的强度标准值按式（3-51）计算（精确至0.1MPa）：

$$f_k = \bar{R}_c - 1.8S \tag{3-51}$$

（2）平均值-最小值方法评定

变异系数δ>0.21时，按抗压强度平均值$\bar{R}_c$、单块最小抗压强度值$f_{ci,\ min}$评定砖的强度等级。

10块砖样抗压强度标准差：

$$S = \sqrt{\frac{1}{9} \sum_{i=1}^{10} (f_{ci} - \bar{R}_c)^2} \tag{3-52}$$

该批砖样抗压强度标准值：

$$f_k = \bar{R}_c - 1.8S \tag{3-53}$$

该批砖样抗压强度变异系数：

$$C_v = \frac{S}{R} \tag{3-54}$$

3.6.4 砌墙砖抗折强度试验

1.试验目的

了解砌墙砖抗折性能的表示方法和测试原理，熟练掌握砌体砖抗折强度的试验方法及操作过程。

2.仪器设备

（1）压力试验机：试验机的示值相对误差不大于±1%，其下加压板应为球铰支座，预期最大破坏荷载应在量程的20%~80%之间；

（2）抗折夹具：抗折试验的加载形式为三点加载，其上压辊和下支辊的曲率半径为15mm，下支辊应有一个为铰接固定；

（3）钢直尺：分度值不应大于1mm。

3.试样数量及处理

试验所需试样数量为10块，试样应放在温度为20±5℃的水中浸泡24h后取出，用湿布拭去其表面水分，然后进行抗折强度试验。

4.试验步骤

（1）按3.6.2节的方法测量试样的宽度和高度尺寸各2次，分别取算术平均值，精确至1mm。

（2）调整抗折夹具下支辊的跨距为砖规格长度减去40mm。但规格长度为190mm的砖，其跨距为160mm。

（3）将试样大面平放在下支辊上，试样两端面与下支辊的距离应相同。当试样有裂缝或缺陷时，应使有裂缝或凹陷的大面朝下，以50~150 N/s的速度均匀加载，直至试样断裂。记录最大破坏荷载P。

5.结果计算与评定

（1）每块试样的抗折强度R_c按式（3-55）计算。

$$R_c = \frac{3PL}{2BH^2} \tag{3-55}$$

式中　R_c——抗折强度，MPa；

　　　P——最大破坏荷载，N；

　　　L——跨距，mm；

　　　B——试样宽度，mm；

　　　H——试样高度，mm。

（2）试验结果以试样抗折强度的算术平均值和单块最小值表示。

3.6.5　砌墙砖体积密度试验

1.试验目的

了解砌墙砖体积密度的物理意义和测试方法，掌握测试砌墙砖体积密度的操作过程。

2.仪器设备

（1）鼓风干燥箱：最高温度200℃；

（2）台秤：分度值不应大于5g；

（3）钢直尺：分度不应大于1mm；

（4）砖用卡尺：分度值为0.5mm。

3.试样数量及处理

体积密度试验所需试样数量为5块，且所取全部试样应外观完整。

4.试验步骤

（1）清理试样表面，然后将试样置于105±5℃鼓风干燥箱中，干燥至恒重（在干燥过程中，前后两次称量相差不超过0.2%，前后两次称量时间间隔为2h），称其质量m，并检查外观情况，不得有缺棱、掉角等破损。如有破损，须重新换取备用试样。

（2）按3.6.2节的方法测量干燥后的试样尺寸各两次，取其平均值计算体积V。

5.结果计算与评定

（1）每块试样的体积密度ρ按式（3-56）计算。

$$\rho = \frac{m}{V} \times 10^9 \tag{3-56}$$

式中　ρ——体积密度，kg/m³；

　　　m——试样干质量，kg；

　　　V——试样体积，mm³。

（2）试验结果以试样体积密度的算术平均值表示。

3.6.6　砌墙砖孔洞率及孔洞结构测定

1.试验目的

学习砌墙砖孔洞率及孔洞结构的测定方法。

2.仪器设备

（1）台秤：分度值不应大于5g；

（2）水池或水箱或水桶；

（3）吊架；

（4）砖用卡尺：分度值为0.5mm。

3.试样数量

孔洞率及孔洞结构试验所需试样数量为5块。

4.试验步骤

（1）按照3.6.2节的方法要求测量试样的长度 L、宽度 B、高度 H 尺寸各2次，分别取其算术平均值，精确至1mm。

（2）将试样浸入室温的水中，水面应高出试样20mm以上，24h后将其分别移到水中，称出试样的悬浸质量 m_1（kg）。

（3）称取悬浸质量的方法如下：将秤置于平稳的支座上，在支座的下方与磅秤中线重合处放置水池（或水箱或水桶）。在秤底盘上放置吊架，用铁丝把试样悬挂在吊架上，此时试样应离开水桶的底面且全部浸泡在水中，将秤读数减去吊架和铁丝的质量，即为悬浸质量 m_1（kg）。

（4）盲孔砖称取悬浸质量时，有孔洞的面朝上，称重前需晃动砖体排出孔中的空气，待静置后称量。通孔砖则可任意放置。

（5）将试样从水中取出，放在铁丝网架上静置滴水1min，再用拧干的湿布拭去内、外表面的水，立即称其面干潮湿状态的质量 m_2（kg），精确至5g。

（6）测量试样最薄处的壁厚、肋厚尺寸，精确至1mm。

5.结果计算与评定

（1）每个试样的孔洞率 Q 按式（3-57）计算：

$$Q = \left[1 - \frac{m_2 - m_1}{D \times L \times B \times H} \right] \times 100 \qquad (3\text{-}57)$$

式中　Q——试样的孔洞率，%；

　　　m_1——试样的悬浸质量，kg；

　　　m_2——试样面干潮湿状态的质量，kg；

　　　L——试样长度，m；

　　　B——试样宽度，m；

　　　H——试样高度，m；

　　　D——水的密度，1000kg/m³。

（2）砖试样的孔洞率以试样孔洞率的算术平均值表示。

（3）孔洞结构以孔洞排数及壁、肋厚最小尺寸表示。

3.6.7　思考题

1. 砌体砖外观质量检查包括哪些方面？各自有什么要点？

2. 如何评定砌体砖的抗压强度和抗折强度？

3. 砌墙砖孔洞率试验中悬浸质量的称取方法是什么？其孔洞结构如何表示？

3.7　沥青性能试验

3.7.1　概述

沥青作为一种具有憎水性的有机胶凝材料，是由复杂的高分子碳氢化合物及其非金属衍生物组成的混合物。常温下，沥青为黑色或黑褐色的黏稠状液体、半固体或固体状态。

沥青具有良好的不透水性、黏结性、塑性、抗冲击性、耐化学腐蚀及电绝缘性，能抵抗一般酸、碱、盐等侵蚀性液体和气体的侵蚀，被广泛应用于防水、防潮、防腐等工程环境中。沥青不仅具有资源丰富、价格低廉、施工方便和使用价值高等优点，其与混凝土、砂石、钢材等材料具有良好的黏结性，普遍用于制作防水卷材、防水涂料、路面材料等。沥青种类繁多、组成成分复杂，主要有煤焦沥青、石油沥青和天然沥青等，本书所述内容和方法主要针对石油沥青，它是石油经蒸馏等工序提炼出各种轻质油后得到的渣油，或经再加工而得的物质，主要由油分、树脂、地沥青等三种组分组成，其主要性能包括黏滞性、塑性、温度敏感性等。

沥青性能试验内容众多，且不同行业有不同方法、标准。本章所介绍的试验方法主要根据《高等学校土木工程本科指导性专业规范》要求，摘选其中部分基础试验内容，包括沥青针入度、延度、软化点和溶解度试验，试验方法主要参考《公路工程沥青及沥青混合料试验规程》JTG E20—2011等行业标准。

3.7.2 沥青针入度试验

1.试验目的

（1）学习沥青针入度指标的物理意义。针入度是沥青的主要质量指标之一，表示沥青软硬程度和稠度、抵抗剪切破坏的能力，也反映在一定条件下沥青的相对黏度；

（2）掌握石油沥青针入度的测试方法，熟悉针入度仪的使用。

2.适用范围

（1）本方法适用于测定针入度小于350的石油沥青的针入度；

（2）石油沥青的针入度以标准针在一定的荷重、时间及温度条件下、垂直穿入沥青试样的深度来表示，单位为"1/10mm"。如未另行规定，标准针、针连杆与附加砝码的总质量为100±0.1g，温度为25℃，时间为5s。特定试验条件参照表3-24的规定。

针入度特定试验条件规定　　　　　　　　　　　表3-24

温度（℃）	荷重（g）	时间（s）
0	200	60
4	200	60
46	50	5

3.主要仪器设备

（1）针入度仪：凡允许针连杆在无明显摩擦下垂直运动，并且能指示穿入深度精确至0.1mm的仪器，如图3-36所示；

（2）标准针：应由硬化回火的不锈钢制成，其尺寸应符合规定；

（3）试样皿：金属圆筒形平底容器。针入度小于200时，试样皿内径55mm，内部深度35mm；针入度在200～350时，试样皿内径70mm，内部深度为45mm；

（4）恒温水浴：容量不小于10L，能保持温度在试验温度的±0.1℃范围内；

（5）温度计：液体玻璃温度计，刻度范围0～50℃，分度为0.1℃；

（6）平底玻璃皿（容量不小于0.5L，深度不小于0.5mm的金属筛网，用于过滤试样）、秒表、砂浴或可控温度的密闭电炉。

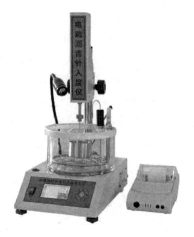

图 3-36　沥青针入度仪

4.试验步骤

（1）试验准备

1）将预先除去水分的沥青试样在砂浴或密闭电炉上小心加热，不断搅拌，加热温度不得超过估计软化点100℃。加热时间不得超过30min，用筛过滤，除去杂质。

2）将试样倒入预先选好的试样皿中，试样深度应大于预计穿入深度10mm。

3）试样皿在15～30℃的空气中冷却1～1.5h（小试样皿）或1.5～2h（大试样皿），防止灰尘落入试样皿。然后将试样皿移入保持规定试验温度的恒温水浴中。小试样皿保温1～1.5h，大试样皿保温1.5～2h。

（2）针入度测定

1）调节针入度计水平，检查连杆和导轨，需保证无明显摩擦。用甲苯或合适溶剂清洗针，用干净布擦干，紧固试针，放好规定质量的砝码。

2）取出试样皿，放入水温控制在试验温度的平底玻璃皿的三脚支架上，试样表面以上的水层高度不小于10mm。将平底玻璃皿放于针入度计的平台上。

3）放下针连杆，使针尖刚好与试样表面接触。必要时用放置在合适位置的光源通过光的反射来观察。拉下活杆，使其与针连杆顶端相接触，调节针入度计刻度盘使指针调零。

4）用手紧压按钮，同时启动秒表，使标准针自由下落穿入沥青试样，至规定时间后，停压按钮，使针停止移动。

5）拉下活杆与针连杆顶端接触，此时刻度盘指针的读数即为试样的针入度。

6）同一试样重复测定至少3次，各测定点之间及测定点与试样皿边缘之间的距离不应小于10mm。每次测定前应将平底玻璃皿放入恒温水浴。每次测定换一根干净的针或取下针用甲苯或其他溶剂擦拭干净，再用干布擦干。

7）测定针入度大于200的沥青试样时，至少用3根针，每次测定后将针留在试样中，直至3次测定完毕后，才能从试样中取出试针。

5.试验结果计算

取3次测定针入度的平均值，取至整数，作为试验结果，填入表3-25。针入度值相差不应大于表3-26中数值。若差值超过表3-26的数值，试验应重做。

针入度测定试验记录表 表3-25

试验温度(℃)			备 注
针入度(度)	第一次		
	第二次		
	第三次		
	平均值		

针入度测定允许最大差值 表3-26

针入度	0~49	50~149	150~249	250~350
最大差值	2	4	6	10

3.7.3 沥青延度试验

1.试验目的

熟练掌握沥青延度的物理意义及测定方法。沥青延度指用规定的试件在一定温度下以一定速度拉伸至断裂时的长度，以"cm"表示。无特殊说明，试验温度为25±0.5℃，延伸速度为5±0.5cm/min。

2.主要仪器设备

（1）延度仪：能将试件浸没于水中，按5±0.5cm/min速度拉伸试件的仪器均可作为延度仪。该仪器在开动时应无明显的振动，如图3-37所示；

（2）试件模具：俗称八字模，由两个端模和两个侧模组成，其形状及尺寸应符合要求（图3-38）；

图3-37 沥青延度仪

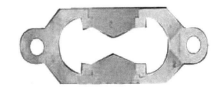

图3-38 沥青延度"八字"铜试模

（3）水浴：容量至少在10L以上，能保持试验温度变化不大于0.1℃的玻璃或金属器皿，试件浸入水中深度不得小于10cm，水浴中设置带孔搁架，搁架距底部不得小于5cm；

（4）温度计：量程0~50℃，分度0.1℃和0.5℃的温度计各一支；

（5）瓷皿或金属皿（熔沥青用）、筛（筛孔为0.3~0.5mm的金属网）、砂浴或可控制温度的密闭电炉、金属板、甘油、滑石粉隔离剂（按质量计甘油2份、滑石粉1份）等。

3.试验步骤

（1）试验准备

1）将隔离剂拌合均匀，涂于磨光的金属板上和模具侧模的内表面，将模具组装后放在金属板上。

2）将除去水分的试样，在砂浴上小心加热并防止局部过热，加热温度不得高于估计软化点100℃。用筛过滤，充分搅拌，勿混入气泡。然后将试样呈细流状，自模的一端至另一端往返倒入，使试样略高出模具。

3）试件在15~30℃的空气中冷却30min。然后放入25±0.1℃的水浴中，保持30min后取出。用热刀将高出模具的沥青刮去，使沥青面与模面齐平。沥青的刮法应从模的中间刮向两边，表面应刮得十分光滑。将试件连同金属板再浸入25±0.1℃的水浴中恒温1~1.5h。

4）检查延度仪的拉伸速度是否符合要求，否则应调试校正。移动滑板使指针对着标尺的零点，保持水槽中水温为25±0.5℃。

（2）延度测定

1）将试件移入延度仪水槽中，将模具两端的孔分别套在滑板及槽端的金属柱上，水面高度距试件表面应不小于25mm，然后去掉侧模。

2）当水槽中水温为25±0.5℃时，启动延度仪开始拉伸，观察沥青的拉伸情况。试验时，如发现沥青细丝浮于水面或沉入槽底时，则应在水中加入乙醇或食盐水调整水的密度至与试件的密度相近后，再进行测定。

3）试件拉断时指针所指标尺上的读数（或仪器上自动记录的位移），即为试样的延度，以"cm"表示。在正常情况下，试件应拉伸成锥尖状，在断裂时实际横断面为零。如不能得到上述结果，则应在报告中记录：此条件下无测定结果。

4.试验结果计算

取3个平行测定结果的平均值作为延度测定结果。若3次测定值不在其平均值的5%以内，但其中两个较高值在平均值的5%之内，则舍弃最低测定值，取两个较高值的平均值作为测定结果，见表3-27。

延度测定试验记录表　　　　　　　　　　　　　　　　　表3-27

试验温度（℃）			备注
拉伸速度（cm/min）			
延度（cm）	第一试件		
	第二试件		
	第三试件		
	平均值		

3.7.4 沥青软化点试验

1.试验目的

了解沥青软化点指标的物理意义与测定方法。将规定质量的钢球放在内盛规定尺寸金属环的试样盘上，以恒定的加热速度加热此组件，当试样软到足以使被包在沥青中的钢球下落达到25.4mm时，将此时的温度作为石油沥青的软化点，以温度（℃）表示。

2.主要仪器设备

（1）沥青软化点测定仪（图3-39）；

（2）水银温度计；

（3）电炉及其他加热器、金属板或玻璃板、筛（筛孔为0.3~0.5mm的金属网）、小刀（切沥青用）、甘油-滑石粉隔离剂（以质量计甘油2份、滑石粉1份）、新煮沸过的蒸馏水。

图3-39　沥青软化点测定仪

3.试验步骤

（1）试验准备

1）将黄铜环置于涂有隔离剂的金属板或玻璃板上。

2）将预先脱水的试样加热熔化。不断搅拌，以防止局部过热，加热温度不得高于试样估计软化点100℃，加热时间不超过30min，用筛过滤。将试样注入黄铜环内至高出环面为止。估计软化点在120℃以上时，应将黄铜环与金属板预热至80～100℃。

3）将试样在15～30℃的空气中冷却30min，然后用热刀刮去高出环面的试样，使与环面齐平。

4）估计软化点低于80℃的试样，将盛有试样的黄铜环及板置于盛满水的保温槽内，水温保持在5±0.5℃，恒温15min。估计软化点高于80℃的试样，将盛有试样的黄铜环及板置于盛满甘油的保温槽内，甘油温度保持在32±1℃，恒温15min，或将盛试样的环水平地安放在环架中承板的孔内，然后放在盛有水或甘油的烧杯中，恒温15min，温度要求同保温槽。

5）烧杯内注入新煮沸并冷却至5℃的蒸馏水（估计软化点不高于80℃的试样），或注入预先加热至约32℃的甘油（估计软化点高于80℃的试样），使水面或甘油面略低于环架连杆上的深度标记。

（2）软化点测定

1）从水或甘油保温槽中取出盛有试样的黄铜环，放置在环架中承板的圆孔中，并套上钢球定位器把整个环架放入烧杯内，调整水面或甘油液面至深度标记，环架上任何部分均不得有气泡。将温度计由上承板中心孔垂直插入，使水银球底部与铜环下面齐平。

2）将烧杯移放至有石棉网的三脚架上或电炉上，然后将钢球放在试样上（须使各环的平面在全部加热时间内完全处于水平状态），立即加热，使烧杯内水或甘油温度在3min后保持每分钟上升5±0.5℃，在整个测定中如温度的上升速度超出此范围时，则试验应重做。

3）试样受热软化下坠至与下承板面接触时的温度，即为试样的软化点。

4.试验结果计算

取平行测定的两个结果的算术平均值作为测定结果，试验记录见表3-28。重复测定的两个结果间的差值，不得大于表3-29中的规定。

软化点试验记录表 表3-28

烧杯内液体种类			备 注
试验开始时液体温度(℃)			
软化点(℃)	第一环		
	第二环		
	平均值		

软化点允许差数 表3-29

软化点(℃)	允许差数(℃)
<80	1
80~100	2
100~140	3

3.7.5 沥青溶解度试验

1.试验目的

一般沥青标准中均要求沥青溶解度指标不低于99%。因此,沥青溶解度值对沥青选材及其工程应用具有重要意义。沥青溶解度指沥青在规定溶剂中可溶物的含量,以质量百分数表示。本试验的主要目的是学习石油沥青、改性沥青和乳化沥青等的溶解度测试方法。如无特殊说明,溶剂一般为三氯乙烯。

2.主要仪器设备

(1) 分析天平(感量不大于0.1mg)、锥形烧瓶(250mL)、古氏坩埚(50mL)、过滤瓶(250mL);

(2) 玻璃纤维滤纸:直径2.6cm,最小过滤孔0.6μm;

(3) 洗瓶、量筒(100mL)、干燥器、水槽;

(4) 烘箱:需装有温度自动调节器;

(5) 三氯乙烯:化学纯。

3.试验步骤

(1) 按照规定的方法准备沥青试样。将玻璃纤维滤纸置于洁净的古氏坩埚底部,用溶剂冲洗滤纸和坩埚,使溶剂挥发。放入温度为105±5℃的烘箱内干燥至恒重(一般为15min),然后移入干燥器中冷却,冷却时间不少于30min,称量其质量m_1(g),精确至0.1mg。

(2) 称取已烘干的锥形烧瓶和玻璃棒的质量m_2(g),精确至0.1mg。用预先干燥的锥形烧瓶称取沥青试样2g(m_3),在不断摇动的条件下,分次加入三氯乙烯100mL,直至试样溶解后盖上瓶盖,并在室温下放置不少于15min。

(3) 将已称质量的滤纸及古氏坩埚,安装在过滤烧瓶上,用少量的三氯乙烯润湿滤纸。然后将沥青溶液沿玻璃棒倒入玻璃纤维滤纸中,并以连续滴状速度过滤,直至全部溶液滤完。用少量溶剂分次清洗锥形烧瓶,将全部不溶物移至坩埚中,再用溶剂洗涤坩埚的玻璃纤维滤纸,直至滤液无色透明为止。

(4) 取出古氏坩埚,放于通风处,直至无溶剂气味。然后将坩埚放入温度105±5℃的烘箱内至少20min,同时将原锥形瓶、玻璃棒等也放入烘箱烘至恒重。

（5）最后，取出坩埚及锥形瓶等，放入干燥器内冷却30±5min后，分别称其质量m_4、m_5（g），直至连续称量的差不大于0.3mg为止。

4.结果计算

（1）沥青试样的可溶物含量按式（3-58）计算：

$$S_b = \left[1 - \frac{m_4 - m_1 + (m_5 - m_2)}{m_3 - m_2} \right] \times 100\% \qquad (3\text{-}58)$$

式中　S_b——沥青试样的溶解度，%；

　　　m_1——古氏坩埚与玻璃纤维滤纸合计质量，g；

　　　m_2——锥形瓶与玻璃棒合计质量，g；

　　　m_3——锥形瓶、玻璃棒与沥青试样合计质量，g；

　　　m_4——古氏坩埚、玻璃纤维滤纸与不溶物合计质量，g；

　　　m_5——锥形瓶、玻璃棒与黏附不溶物合计质量，g。

（2）同一试样至少平行试验两次，当两次结果之差不大于0.1%时，取平均值为试验结果。对于溶解度大于99.0%的试验结果，应精确至0.01%；对于小于或等于99.0%的结果，精确至0.1%。

（3）当试验结果平均值大于99.0%时，重复性试验的允许误差为0.1%，再现性试验的允许误差为0.26%。

3.7.6　思考题

1. 沥青在土木工程中的主要应用有哪些？
2. 简述沥青针入度、延度和软化点的物理意义。
3. 沥青针入度、延度、软化点等试验中对试验温度有哪些具体要求？
4. 沥青溶解度如何表示？其在工程应用中有何意义？溶解度试验的主要要点有哪些？

3.8　建筑防水卷材试验

3.8.1　概述

建筑防水卷材主要指建筑工程中用于建筑墙体、屋面以及隧道、公路、填埋场、大坝等工程部位，起到抵御雨水、地下水渗漏的一种可卷曲成卷状的柔性建筑材料。防水卷材作为工程基础与建筑物之间的无渗漏连接，是整个工程防水的第一道屏障，对整个工程建设及后续使用起着至关重要的作用。按照组成材料种类，建筑防水卷材分为沥青防水卷材、高聚物改性防水卷材和合成高分子防水卷材。防水卷材要求具有良好的耐水性，对温度变化的稳定性（高温下不流淌、不起泡、不淌动；低温下不脆裂），一定的机械强度、延伸性和抗断裂性，以及一定的柔韧性和抗老化性等。

本节内容主要针对防水卷材的外观质量检查、抗拉伸性能和抗水渗透性能等基础试验内容进行介绍，主要参照标准为《建筑防水卷材试验方法》。

3.8.2　外观质量检查

1.试验目的

（1）了解常见建筑防水卷材外观质量缺陷的种类；

（2）掌握不同种类防水卷材外观质量检查方法。

2.试验条件及方法

本试验所涉及的建筑用防水卷材主要为沥青防水卷材和高分子防水卷材。其外观质量检查一般在常温下进行，有特殊要求时，可根据相应标准、规范在特定条件下进行。当沥青防水卷材检查结果有争议时，可在23±2℃的温度条件下进行试验，并恒温放置不少于20h。

试验方法均为直接抽取成卷卷材在平面展开，采用肉眼观察的方式，检查上下表面及切口断面是否有缺陷。

3.试验步骤

（1）沥青卷材

将抽取的成卷卷材平放于一平面上，并仔细展开卷材，肉眼观察卷材上下表面有无气泡、裂纹、孔洞，或裸露斑、疙瘩或任何其他能观察到的缺陷。

（2）高分子卷材

同样抽取成卷卷材平放于平面，小心展开卷材前10m检查，观察卷材上表面有无气泡、裂缝、孔洞、擦伤、凹痕，或其他任何能看到的缺陷存在；然后将卷材翻转一面，采用同样方法检查下表面是否有缺陷存在；最后在靠近卷材的端头，沿卷材宽度方向进行切割，检查切口断面有无空包和杂质等存在。

4.试验结果

详细记录所观察到的全部缺陷情况。

3.8.3 拉伸性能试验

1.试验目的

（1）熟悉沥青及高分子防水卷材拉伸性能指标及测试方法；

（2）测试不同种类防水卷材的拉伸性能，并了解其方法有何不同。

2.试验原理

防水卷材拉伸试验原理为对卷材试件以恒定的速度施加拉伸荷载至断裂，并连续记录试验过程中拉力和对应长度的变化。

3.主要仪器设备

（1）拉伸试验机或万能试验机，需可连续记录拉伸力值和对应距离值，且夹具宽度不小于50mm。

（2）裁刀、模板、钢尺等。

4.试件制备

（1）沥青卷材

对于沥青卷材需准备纵向和横向试件各1组，每组至少5个试件。试件取样需满足在不小于样品边缘100mm处任意裁取，试件形状为矩形，长度为200mm+2×夹持长度，宽度为50±0.5mm。试验前，需将试件在温度23±2℃和相对湿度30%~70%的条件下放置不少于20h。

（2）高分子卷材

其取样方法同沥青卷材完全相同，纵、横向各1组，每组5件。试件形状和尺寸根据方法不同而不同，方法Ⅰ为矩形试件（图3-40），尺寸为（50±0.5)mm×200mm；方法Ⅱ为哑铃形试件（图3-41），尺寸为(6±0.4)mm×115mm。试验开始前试件应在温度23±2℃和相对湿度50%±5%的条件下放置不少于20h，见表3-30。

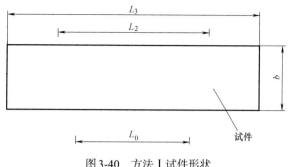

图3-40　方法Ⅰ试件形状

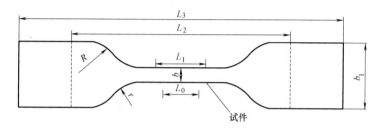

图3-41　方法Ⅱ的试件形状

试件尺寸规定 表3-30

方法	方法Ⅰ（mm）	方法Ⅱ（mm）
全长,至少 L_3	>200	>115
端头宽度 b_1		25±1
狭窄平行部分长度 L_1		33±2
宽度 b	50±0.5	6±0.4
小半径 r		14±1
大半径 R		25±2
标记间距离 L_0	100±5	25±0.25
夹具间起始间距 L_2	120	80±5

5.试验步骤

（1）沥青卷材

1）将试件紧紧夹持在试验机夹具中，并保证试件长度方向中线与夹具中心在一条线上。夹具间距离为200±2mm，为防止试件滑移应对夹持位置作标记。当采用引伸计测量时，试验前设置标距间距离为180±2mm。

2）试验需在23±2℃下进行，系统参数清零并加载。加载采用恒定位移的控制方式进行，其速度为100±10mm/min，并连续记录过程中的拉力和对应夹具（引伸计）间位移值，直至试件断裂。

（2）高分子卷材

1）夹持试件并保证试件长度方向中线与夹具中心在一条线上。

2）试验需在23±2℃下进行，系统参数清零并加载。加载采用恒定位移的控制方式进行，方法Ⅰ：位移速度为100±10mm/min；方法Ⅱ：位移速度为500±50mm/min，并连续记录过程中的拉力和对应夹具（引伸计）间位移值，直至试件断裂。

3）记录试件的破坏形式。

6.结果及计算

（1）根据记录的拉力 F 和位移 s 值绘制拉力-位移曲线（F-s），并从曲线找出最大拉力值和对应的位移，计算最大延伸率，公式如下：

$$\delta_{Fmax} = \frac{L_0 + S_{Fmax}}{L_0}$$ （3-59）

式中　δ_{Fmax}——最大拉力时对应的延伸率，%；

　　　L_0——夹具或引伸计间拉伸前距离，mm；

　　　S_{Fmax}——最大拉力时对应的拉伸位移，mm。

（2）去除任何在夹具10mm以内断裂或在试验机夹具中滑移超过极限值的试件结果。对于沥青卷材，以最大拉力和对应的延伸率为拉伸性能指标，单位分别为"N/50mm"和"%"；对于高分子卷材，方法Ⅰ时，取最大拉力和对应的延伸率；方法Ⅱ时，取拉伸强度和对应延伸率，单位为"MPa"和"%"。分别记录纵向、横向5个试件的最大拉力值和延伸率，计算平均值。

（3）对于复合增强或有增强层的卷材，当在应力-应变图上有两个或更多的峰值时，其拉力和延伸率应记录其中两个最大值。

3.8.4　抗水渗透试验

1.试验目的

（1）了解沥青和高分子防水卷材不透水性的物理意义。

（2）了解测试防水卷材不透水性的试验方法。

2.试验原理及方法

防水卷材的不透水性表示卷材耐积水或有限表面承受水压的能力。其可通过抗水渗透试验来测定，主要有两种方法。方法1适用于卷材在低压力的使用场合，如屋面、基层等，以试件在承受60kPa水压并保持24h承压后试件表面滤纸不变色为合格。方法2适用于卷材在高压力的使用场合，如隧道等，以4个标准圆盘保持规定水压24h或7孔圆盘保持规定水压30min，水压下降不超过5%且试件不渗水为合格。

3.主要仪器设备

（1）方法1的主要设备为一个带法兰盘的金属圆柱箱体，孔径150mm，此外需配置一储水容器，箱体出水口与容器中水面高差不低于1m，如图3-42所示。

（2）方法2的主要装置见图3-43，其压力均作用于试件的其中一面，试件需用封盖封上，封盖可为带4个规定尺寸狭缝或7孔圆盘。

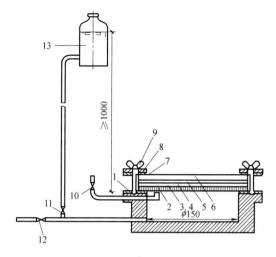

图3-42 低压条件抗水渗透试验装置示意图

1—下橡胶密封垫圈；2—试件的迎水面，通常暴露于大气（水）中；3—实验室用滤纸；4—湿气指示混合物，均匀铺在滤纸上面，湿气透过试件容易探测到，指示剂为细白糖（冰糖）（99.5%）和亚甲基蓝染料（0.5%）组成的混合物，用0.074mm筛过滤并在干燥器中用氯化钙干燥；5—实验室用滤纸；6—圆的普通玻璃板，其中：5mm厚，水压小于等于10kPa；8mm厚，水压小于等于60kPa；7—上橡胶密封垫圈；8—金属夹环；9—带翼螺母；10—排气阀；11—进水阀；12—补水和排水阀；13—提供和控制水压到60kPa的装置

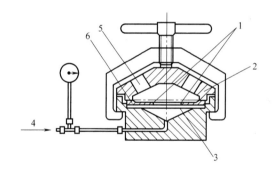

图3-43 高压条件抗水渗透试验装置示意图

1—狭缝；2—封盖；3—试件；4—静压力；5—观测孔；6—开缝盘

4.试验条件及准备

（1）试验前，试件需在温度23±5℃下放置不少于6h；

（2）试件均在卷材宽度方向均匀裁取，最外侧的试件距边缘100mm，试件的纵向需与卷材成品纵向平行并作标记；

（3）试件为圆形，方法1直径为200±2mm；方法2直径不小于封孔圆盘外径（约130mm）；

（4）试验在23±5℃条件下进行。有争议时，在温度23±2℃、相对湿度50%±5%下进行试验。

5.试验步骤

（1）方法1低压条件试验

1）将试件装入装置，并拧紧螺母，打开进水阀注水，同时打开排气阀排除空气，直至出水口有水流出，关闭出水阀。

2）调整试件上表面所要求的压力，并保持压力24±1h。

3）检查试件，观察上面滤纸有无变色。

（2）方法2高压条件试验

1）将装置中充满水并排尽空气，试件上表面朝下放在透水盘上，盖上规定的开缝盘（或7孔盘）。放上封盖，慢慢夹紧直至试件夹紧在盘上，用干布或压缩空气使试件背水面干燥，再慢慢加压至规定压力。

2）保持压力24±1h（开缝盘）或30±2min（7孔盘）。

3）试验时观察试件的不透水性（水压突然下降或背水面有水）。

6.试验结果

（1）方法1时，试件有明显的水渗到上面的滤纸产生变色，结果不合格；所有试件均合格时可认为该卷材不透水，即抗水渗透试验通过。

（2）方法2时，所有试件在规定的时间内不透水认为卷材抗水渗透试验通过。

3.8.5 思考题

1. 简述建筑防水卷材的分类和性能要求。

2. 不同种类防水卷材外观质量检查的试验条件和方法有何具体规定？

3. 简述沥青卷材和高分子卷材的拉伸试验方法。

4. 简述防水卷材抗水渗透试验中的两种方法的区别。

3.9 建筑钢筋性能试验

3.9.1 概述

建筑钢材是建筑工程中所用的各种钢材的总称。钢材具有强度高，有较高的塑性和韧性，可承受冲击和振动荷载，可焊接和铆接，便于装配等优点；但也具有易腐蚀，维护费用高，耐火性差，生产能耗大等缺点。建筑钢材通常用于钢结构和钢筋混凝土结构。钢结构用钢主要有型钢、钢管和钢筋，型钢包括角钢、工字钢和槽钢。钢筋混凝土结构主要采用钢筋和钢丝，按加工方法可分为：热轧钢筋、热处理钢筋、冷拉钢筋、冷拔低碳钢丝和钢绞线管；按表面形状可分为光面钢筋和螺纹；按钢材品种可分为低碳钢、中碳钢、高碳钢和合金钢等。钢结构用钢和混凝土用钢主要为普通碳素结构钢和低合金结构钢。建筑钢材的主要性能包括力学性能和工艺性能。其中，力学性能主要包括抗拉性能、冲击韧性、伸长率和耐疲劳性能等，工艺性能主要包括冷弯性能和焊接性能等。

本节主要介绍钢筋混凝土结构用钢筋拉伸性能和冷弯性能试验，内容分别涵盖力学性能和工艺性能，试验方法主要参考《金属材料　拉伸试验　第1部分：室温试验方法》GB/T 228.1—2010、《金属材料　弯曲试验方法》GB/T 232—2010、《钢筋混凝土用钢 第1部分：热轧光圆钢筋》GB/T 1499.1—2017、《钢筋混凝土用钢　第2部分：热轧带肋钢筋》GB/T 1499.2—2018、《钢筋混凝土用钢材试验方法》GB/T 28900—2012等国家标准。热轧钢筋主要性能见表3-31、表3-32。

热轧钢筋拉伸性能（GB/T 1499.1—2017、GB/T 1499.2—2018）　　表3-31

钢筋牌号	外形	公称直径 d（mm）	下屈服强度 R_{eL}(MPa)	抗拉强度 R_m(MPa)	断后伸长率 A(%)	最大力总延伸率 A_{gt}(%)	R^0_m/R^0_{eL}	R^0_{eL}/R_{eL}
			不小于					不大于
HPB300	光圆	6~22	300	420	25	10	—	—
HRB400 HRBF400	带肋	6~25	400	540	16	7.5	—	—
		28~40						
HRB400E HRBF400E		40~50	400	540	—	9.0	1.25	1.30
HRB500 HRBF500	带肋	6~25	500	630	15	7.5	—	—
		28~40						
HRB500E HRBF500E		40~50	500	630	—	9.0	1.25	1.30
HRB600	带肋	6~50	600	730	14	7.5	—	—

热轧钢筋弯曲性能（GB/T 1499.1—2017、GB/T 1499.2—2018）　　表3-32

钢筋牌号	外形	公称直径 d(mm)	冷弯试验	
			角度	弯头直径
HPB300	光圆	6~22	180°	$D=d$
HRB400 HRBF400	带肋	6~25	180°	$D=4d$
		28~40		$D=5d$
HRB400E HRBF400E		>40~50	180°	$D=6d$
HRB500 HRBF500	带肋	6~25	180°	$D=6d$
		28~40		$D=7d$
HRB500E HRBF500E		>40~50	180°	$D=8d$
HRB600	带肋	6~25	180°	$D=6d$
		28~40		$D=7d$
		>40~50		$D=8d$

3.9.2　钢筋拉伸试验

1.试验目的

（1）熟练掌握钢筋拉伸的试验方法及操作步骤；

（2）测定钢筋试样的抗拉强度、屈服强度、伸长率等。

2.主要仪器设备

（1）万能试验机：其示值误差不大于1%，试验时所用荷载的范围应在最大荷载的20%~80%范围内；

（2）钢筋画线机、游标卡尺（精度为0.1mm）、天平等。

3.试验步骤

（1）选取钢筋试样，长度按$L_t=L_0+2d+2h$计算，L_0取$5d$或$10d$，d为公称直径。

（2）在试样拉伸长度范围内，按10等分画线或打点定标距，如图3-44所示。

（3）测量试件长并称重，分别精确至0.1mm和0.1g。

（4）不经车削试件按重量法计算截面面积S_0（mm²）：

$$S_0 = \frac{m}{7.85L} \tag{3-60}$$

式中　　m——试件重量，g；

　　　　L——试件长度，cm；

　　7.85——钢材密度，g/cm³。

根据标准GB/T 1499.1—2017和GB/T 1499.2—2018的规定，计算钢筋强度用截面面积采用公称横截面积，故计算出钢筋受力面积后，应据此取靠近的公称受力面积S（保留4位有效数字）。

（5）将试件上端固定在试验机上夹具内，调整试验机零点，同时打开计算机采集系统并输入试样参数，再用下夹具固定试件下端。

（6）开动试验机进行拉伸，屈服前应力增加速度为10MPa/s；屈服后试验机活动夹头在荷载下移动速度不大于$0.5L_c$/min（不经车削试件$L_c=L_0+2h_1$），直至试件拉断。

（7）拉伸中，计算机采集系统自动绘出荷载-变形曲线；由试验机及荷载变形曲线读出下屈服荷载F_{eL}（N）（读数停止增加或第1次下降时的最小荷载）与最大极限荷载F_m（N）。

（8）测量拉伸后的标距长度L_u。将已拉断的试件在断裂处对齐，尽量使其轴线位于一条直线上。如断裂处到邻近标距端点的距离大于$L_0/3$时，可用卡尺直接量出L_u；如断裂处到邻近标距端点的距离小于或等于$L_0/3$时，可按下述移位法确定L_u：在长段上自断点起，取等于短段格数为B点，再取等于长段所余格数的一半为C点，或者取所余格数减1与加1的一半为C与C_1点。则移位后的L_u分别为$AB+2BC$或$AB+BC+BC_1$，移位法测量断后标距如图3-45所示。如用直接量测所得的伸长率能达到标准值，则可不采用移位法。

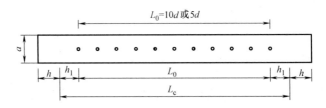

图3-44　拉伸试件示意图

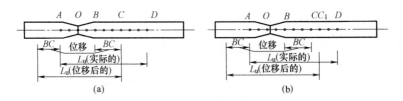

图3-45　移位法测量断后标距示意图

4.试验结果计算

钢筋的屈服强度、抗拉强度和伸长率分别按式（3-61）计算（表3-33～表3-35）：

$$R_{eL} = \frac{F_{eL}}{S_0}, \quad R_m = \frac{F_m}{S_0}, \quad A = \frac{L_u - L_0}{L_0} \times 100\% \tag{3-61}$$

式中　R_{eL}——下屈服强度，MPa（精确至5MPa）；

　　　F_{eL}——下屈服点拉力，N；

　　　R_m——抗拉强度，MPa（精确至5MPa）；

　　　F_m——最大拉力，N；

　　　S_0——试件的原始横截面积（公称横截面积），mm²；

　　　A——钢筋断后伸长率，%（精确至1%）；

　　　L_0——原标距长度（10d 或 5d），mm；

　　　L_u——试件拉断后测量出的标距部分长度，mm。

测试值的修约方法：当修约精确至尾数1时，按前述四舍六入五单双方法修约，当修约精确至尾数为5时，按二五进位法修约（即精确至5时，小于等于2.5时尾数取0；大于2.5且小于7.5时尾数取5；大于等于7.5时尾数取0并向左进1）。

如拉断处位于标距之外，则断后伸长率无效，应重作试验。

下屈服点及下屈服强度记录表　　　　　　　　　　　表3-33

序号	下屈服点拉力 F_{eL}(kN)	下屈服强度 R_{eL} 计算公式	屈服强度 R_{eL}(MPa)
1		$R_{eL} = \dfrac{F_{eL}}{S_0}$	
2			

最大拉力及抗拉强度记录表　　　　　　　　　　　表3-34

序号	最大拉力 F_m(kN)	抗拉强度 R_m 计算公式	抗拉强度 R_m(MPa)
1		$R_m = \dfrac{F_m}{S_0}$	
2			

伸长率测定记录表　　　　　　　　　　　表3-35

序号	L_0 (mm)		L_1 (mm)	伸长率 δ 计算公式	伸长率 δ_d(%)
	5d	10d			
1				$A = \dfrac{L_u - L_0}{L_0}$	
2					

3.9.3　钢筋冷弯试验

1.试验目的

了解钢筋冷弯试验方法，以及钢筋冷弯性能的工程应用。

2.主要仪器设备

万能试验机以及具有一定弯心直径的冷弯压头一组。

3.试验步骤

（1）试件长 L=5d+150mm，d 为试件直径。

（2）调整两支辊间的距离为x，使$x=d+2.5d$。

（3）选择弯心直径d，对Ⅰ级钢筋$D=d$；对Ⅱ、Ⅲ级钢筋$D=3d$（$d=8\sim25$mm）或$4d$（$d=28\sim40$mm）；对Ⅳ级钢筋$D=5d$（$d=10\sim25$mm）或$6d$（$d=28\sim30$mm）。

（4）将试件装置好后，平稳地加荷，在荷载作用下，钢筋绕着冷弯压头，弯曲到要求的角度（Ⅰ、Ⅱ级钢筋为180°，Ⅲ、Ⅳ级钢筋为90°），如图3-46所示。

（5）取下试件检查弯曲处的外缘及侧面，观察有无裂缝、断裂或起层。

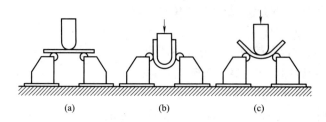

图3-46　钢筋冷弯装置示意图

（a）冷弯试件安装；（b）试件弯曲180°；（c）试件弯曲90°

4.试验结果评价

取下的试件如无裂缝、断裂或起层，即判为冷弯试验合格。

3.9.4　思考题

1. 简述钢筋拉伸试验中样品的取样要求和方法。

2. 采用图示方法简要说明钢筋断后标距的测量方法。

3. 钢筋冷弯试验中弯曲角度的具体要求是什么？

第4章 土力学试验

4.1 土样试样制备和饱和

4.1.1 概述

土样试样制备是保证土力学试验结果正确的前提，也是试验人员必须熟练掌握的基本操作。土样在试验前必须经过制备程序，包括土的风干、碾散、过筛、匀土、分样和贮存等预备程序，以及制备试样程序。土样制备次序视需要进行的试验而异，制备前应拟定土工试验计划。本节所述试验方法主要适用于颗粒粒径小于60mm的原状土和扰动土。试验前对密封的原状土需进行妥善保存，不得扰动土样，也不能使土的含水率发生变化。土样储藏的条件为温度20±3℃，相对湿度85%以上。对于扰动土，需经过土的风干、碾散、过筛、匀土、分样和储存等制备程序。

4.1.2 原状土试样制备

原状土样应符合下列要求：①土样蜡封严密，运输和保管过程中不得受震、受热、受冻。②土样取样过程中不得受压、受挤、受扭。③土样充满取样筒。④原状土样试验前应妥善存放并防止水分蒸发。

原状土试样制备，应按下列步骤进行：

（1）土样应按自然沉积方向放置，剥去蜡封和胶带，开启土样筒取出土样。

（2）根据试验要求用环刀切取试样时，应在环刀内壁涂一薄层凡士林，刃口向下放在土样上，将环刀垂直下压，并用切土刀沿环刀外侧切削土样，边压边削至土样高出环刀，用钢丝锯整平环刀两端土样，擦净环刀外壁，称环刀和土的总质量，并取余土测定含水率。

（3）切削试样时，应对土样层次、气味、颜色、杂质、裂缝和均匀性进行描述，对低塑性和高灵敏的软土，制样时不得扰动。

（4）一组试样之间的密度差值不得大于0.03g/cm³，含水率差值不得大于2%。

4.1.3 扰动土试样制备

1.试验步骤

扰动土试样的制备可按下列步骤进行：

（1）对土样的颜色、气味、夹杂物和土的类型进行描述；土样风干、碾碎、过筛；将充分拌匀后的土样装入盛土容器内盖紧，湿润1昼夜。

（2）对做力学试验的试样数量视试验项目确定，应有备用试样1~2个。一组试样的密度与要求的密度之差不得大于0.01g/cm³，含水率差值不得大于1%。

（3）根据环刀容积及所需的干密度和含水率，计算干土质量和所加水量制备湿土样，见式（4-1）~式（4-3），宜采用击样法或压样法制样。

击样法制样：将一定量的湿土分三层倒入装有环刀的击实器内，击实至所需密度；压样法制样：将一定量的湿土倒入装有环刀的压样器内，拂平土面，以静压力将土压入环刀内。

（4）取出环刀，称环刀和土的总质量。

（5）对不需要饱和、又不立即进行试验的试样，应存放在保湿容器内；对需要饱和的试样，应根据土的性质选择合适的饱和方法。

2.计算

（1）按式（4-1）计算干土质量：

$$m_\mathrm{d} = \frac{m}{1 + w_0} \tag{4-1}$$

式中　m_d——干土质量，g；

　　　m——风干土（或天然土）质量，g；

　　　w_0——风干土（或天然土）含水率，%。

（2）根据试验所需的土量与含水率，按式（4-2）计算制样所需的加水量：

$$m_\mathrm{w} = \frac{m}{1 + w_0}(w_1 - w_0) \tag{4-2}$$

式中　m_w——制样所需的加水量，g；

　　　w_1——试样要求的含水率，%。

（3）根据环刀容积及所需的干密度，按式（4-3）计算制备扰动土试样所需的土样质量：

$$m = (1 + w_0)\rho_\mathrm{d}V \tag{4-3}$$

式中　ρ_d——试样要求的干密度，g/cm³；

　　　V——环刀的容积，cm³。

4.1.4　试样饱和

土中的孔隙逐渐被水充填的过程称为饱和。孔隙被水充满时的土，称为饱和土。

土样的饱和方法和选取原则如下：

（1）砂性土选用浸水饱和法；

（2）渗透系数大于 10^{-4}cm/s 的黏性土选用毛细管饱和法；

（3）渗透系数小于 10^{-4}cm/s 的黏性土选用抽气饱和法。

毛细管饱和法选用的框式饱和器如图 4-1（b）所示，试样上下面放滤纸和透水板，装入饱和器内，并旋紧螺母。将装好的饱和器放入水箱内，注入清水，不宜将试样淹没，关箱盖，浸水时间不得少于两昼夜，使试样充分饱和。取出饱和器，松开螺母，取出环刀，擦干外壁，称环刀和试样的总质量，并计算试样饱和度，见式（4-4）。当饱和度低于95%，应继续饱和。

抽气饱和法选用重叠式或框架式饱和器（见图4-1）和真空饱和装置（见图4-2）。在叠式饱和器下夹板的正中，依次放置透水板、滤纸、环刀、滤纸、透水板，如此顺序重复，由下向上重叠到拉杆高度，将饱和器上夹板盖好后，拧紧拉杆上端的螺母，将各个环刀在上、下夹板间夹紧。将装有试样的饱和器放入真空缸内，在真空缸和盖之间涂一薄层凡士林，盖紧。将真空缸与抽气机接通，启动抽气机，压力表读数接近1个大气压并抽气不少于1h，微开管夹，使清水徐徐注入真空缸，注水过程中，压力表宜保持读数不变。

待水淹没饱和器后停止抽气。开管夹使空气进入真空缸，静止一段时间，细粒土宜静止10h，使试样充分饱和。按式（4-4）计算试样饱和度，当饱和度低于95%，应继续饱和。

$$S_r = \frac{w_s G_s}{e} \tag{4-4}$$

式中 S_r——试样的饱和度，%；

　　　w_s——试样饱和后的含水率，%；

　　　G_s——土粒相对密度；

　　　e——试样的孔隙比。

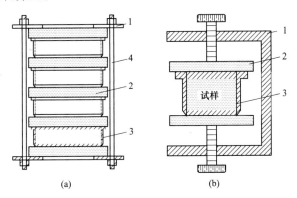

图 4-1　重叠式、框架式饱和器

（a）重叠式饱和器；（b）框架式饱和器

1—夹板；2—透水石；3—环刀；4—拉杆

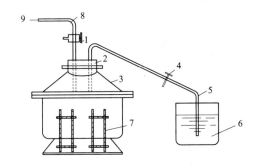

图 4-2　真空饱和器

1—二通阀；2—橡皮塞；3—真空缸；4—管夹；5—引水管；6—水缸；

7—饱和器；8—排气管；9—连接抽气机

4.1.5　思考题

1. 简述土样试样制备对土工试验的重要意义。

2. 简要说明原状土需要符合的要求。

3. 简述试样饱和方法及每种方法的适用范围。

4. 对土样进行饱和试验，试验结束后，饱和度值一般不应低于多少？

4.2　土的物理性质指标试验

4.2.1　概述

土的物理性质指标一般包括密度、含水率、吸水率等，其中密度、相对密度、含水率三个指标可在实验室内直接测定，是实测指标，常称为土的三项基本物理性质指标。土的密度是指单位体积土的质量。相对密度是指土颗粒在100~105°C下烘至恒重时的质量与同体积4°C纯水质量的比值。含水率是指土在100~105℃下烘至恒重时，所丢失的水分质量与干土质量之比值，以百分数表示。

4.2.2 土的密度试验（环刀法）

环刀法适用于一般黏质土。环刀法操作简便而且准确，在室内和野外普遍采用（其他还有灌砂法、蜡封法、灌水法等）。试验操作步骤见4.1.2原状土样试样制备，试样的湿密度按式（4-5）计算，试样的干密度按式（4-6）计算。试验记录计算表格见附表1-3。

$$\rho = \frac{m}{V} \tag{4-5}$$

$$\rho_d = \frac{\rho}{1+w} \tag{4-6}$$

式中　ρ ——试样的湿密度，g/cm^3；

ρ_d ——试样的干密度，g/cm^3；

V ——试样体积，cm^3；

w ——试样含水率，%。

4.2.3 土的相对密度试验（比重瓶法）

1.试验目的

测定土的相对密度，即土颗粒在100~105°C下烘至恒重时的质量与同体积4°C纯水质量的比值。土的相对密度乘以4°C纯水密度（$1g/cm^3$）即为土的颗粒密度。常见的方法为比重瓶法，其适用于颗粒粒径小于5mm的土，对于粒径大于5mm的土，则一般采用浮称法、虹吸筒法等。本节主要学习比重瓶法的试验原理和过程。

2.试验步骤

比重瓶法测试土的相对密度试验的主要操作步骤如下：

（1）将比重瓶洗净、烘干，称比重瓶质量，精确至0.001g。

（2）准确称量烘干土约15g，装入100mL比重瓶内，称瓶+干土质量，精确至0.001g。

（3）为排除土中的空气，向装有干土的比重瓶内注入约半瓶纯水，左右摇置后放在砂浴上煮沸。悬液土煮沸时间为：砂性土不应少于30min，黏性土不应少于1h 。煮沸时应注意不得使土液溢出瓶外。

（4）将煮沸并冷却的纯水注入比重瓶至接近满瓶，然后置于恒温水槽内，使瓶内温度保持稳定并使上部悬液澄清。塞好瓶塞，使多余水分自瓶塞毛细孔中溢出，将瓶外擦干。称瓶+水+试样质量 m_2 （g），精确至0.001g。

（5）倒去悬液，洗净比重瓶。注入煮沸并冷却的纯水，使多余水分自瓶塞毛细孔中溢出，将瓶外擦干。称瓶+水质量 m_1 （g），精确至0.001g。

（6）测量试验时冷却后纯水的温度，并根据表4-1选取水的相对密度进行计算。

本试验的记录计算表格见附表1-2。

3.试样相对密度计算

试样的相对密度按式（4-7）计算。

$$G_s = \frac{m_d}{m_1 + m_d - m_2} G_{wt°} \tag{4-7}$$

式中 G_s——土粒相对密度，精确至0.001；

$G_{wt°}$——t℃时纯水的相对密度，可查表4-1，精确至0.001；

m_1——比重瓶、水总质量，g；

m_d——干土质量，g；

m_2——比重瓶、水、土总质量，g。

t℃时水的相对密度 $G_{wt°}$ 及密度 ρ_{wt}（g/cm³）   表4-1

t℃	$G_{wt°}$	t℃	$G_{wt°}$	t℃	$G_{wt°}$	t℃	$G_{wt°}$	t℃	$G_{wt°}$
4	1.0000	11	0.9996	18	0.9986	25	0.9971	32	0.9951
5	1.0000	12	0.9995	19	0.9984	26	0.9968	33	0.9947
6	1.0000	13	0.9994	20	0.9982	27	0.9965	34	0.9944
7	0.9999	14	0.9993	21	0.9980	28	0.9963	35	0.9941
8	0.9999	15	0.9991	22	0.9978	29	0.9960	36	0.9937
9	0.9998	16	0.9990	23	0.9976	30	0.9957	37	0.9934
10	0.9997	17	0.9988	24	0.9973	31	0.9954	38	0.9930

4.2.4 含水率试验（烘干法）

1.试验目的

土的含水率是指土在100~105℃下烘至恒重时，所丢失的水分质量与干土质量之比值，以百分数表示。常见的试验方法有烘干法、酒精燃烧法、相对密度法、炒干法等。烘干法适用于有机物（泥炭、腐殖质及其他）含量不超过干土质量5%的土。本节主要学习采用烘干法测定土的含水率。

2.试验步骤

（1）取具有代表性的试样。其中，黏性土为15~20g，砂性土、有机质土为50g，放入称量盒内，盖上盒盖，盒盖不宜接触土样。称湿土质量，精确至0.01g。

（2）打开盒盖，将称量盒置于烘箱内，在105℃的恒温下烘干。烘干时间：对黏性土不得少于8h，对砂性土不得少于6h。

（3）取出称量盒，盖上盒盖，放入干燥器内冷却至室温。称干土质量，精确至0.01g。试验记录及计算表格见附表1-1。

3.含水率计算

土样的含水率按式（4-8）计算。

$$w = \left(\frac{m}{m_d} - 1 \right) \times 100\% \tag{4-8}$$

式中 w——试样的含水率，%；

m——湿土质量，g；

m_d——干土质量，g。

4.2.5 土的物理指标换算

天然土样的三相分布是随机、分散的。为了使理论研究更加形象生动，人为将土的三相集中，用三相草图来抽象表示其构成，如图4-3所示。

推导各种指标之间内在关系式的过程称为指标换算。通过试验确定了土的天然重度 γ、含水率 w、相对密度 G_s，即三个实测值，然后便可以利用三相草图求解其余 6 个物理性质指标：孔隙比 e、孔隙度 n、饱和度 S_r、干重度 γ_d、饱和重度 γ_{sat}、有效重度 γ'。由于土样的性质与研究时所取土样的体积无关，因此假定 $V_s=1$，并认为水的重度 γ_w 为已知量。根据三个实测值求解三相草图上的全部质量和体积，再依据其余 6 个指标的定义求解其表达式。

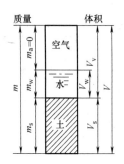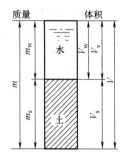

图 4-3 土的三相草图

根据 3 个基本物理指标表示的其他 6 个换算指标如下：

$$e = \frac{V_v}{V_s} = \frac{(1+w)G_s\gamma_w}{\gamma} - 1 \tag{4-9}$$

$$n = \frac{V_v}{V} = 1 - \frac{\gamma}{(1+w)G_s\gamma_w} \tag{4-10}$$

$$S_r = \frac{V_w}{V_v} = \frac{wG_s\gamma}{(1+w)G_s\gamma_w - \gamma} \tag{4-11}$$

$$\gamma_{sat} = \frac{V_v\gamma_w + m_s g}{V} = \gamma_w - \frac{\gamma}{(1+w)G_s} + \frac{\gamma}{1+w} \tag{4-12}$$

$$\gamma_d = \frac{m_s g}{V} = \frac{\gamma}{1+w} \tag{4-13}$$

$$\gamma' = \gamma_{sat} - \gamma_w = \frac{\gamma}{1+w} - \frac{\gamma}{(1+w)G_s} \tag{4-14}$$

式中 γ——天然重度；

           w——试样的含水率，%；

           G_s——相对密度；

           e——孔隙比；

           n——孔隙度；

           S_r——饱和度；

           γ_d——干重度；

           γ_{sat}——饱和重度；

           γ'——有效重度；

           V_v——空隙体积；

           V_s——土粒体积。

4.2.6 土的界限含水率试验（液塑限联合测定法）

1.试验方法及目的

采用光电式液塑限联合测定仪（图4-4）测定土的液限和塑限。其他测定方法还有圆锥仪液限测定法、塑限搓滚法、碟式仪液限测定法等。

通过本节的学习，熟练掌握采用液塑限联合测定仪测试土的界限含水率的试验原理及方法。

2.试验操作步骤

（1）采用天然含水率的土制备试样，或采用风干土制备试样。

（2）剔除大于0.5mm的颗粒，采用风干土样时过0.5mm标准筛。

（3）按下沉深度约为3~4mm，7~9mm，15~17mm范围制备不同稠度的土膏。

（4）将土膏调匀后密实地填入试样杯中，刮平杯口余土，将试样杯放在仪器底座上。

（5）取圆锥仪，接通电源，使电磁铁吸稳圆锥仪。调节屏幕准线，使初始读数处于零刻线处，调节升降座，使圆锥仪锥尖刚好接触土面。

（6）按"放"键，圆锥仪将在自重作用下沉入土内，经5s后测读圆锥下沉深度h（mm）并记录，同时取杯中15g左右土样测定含水率。

（7）重复上述（4）~（6）步，测试其余试样的圆锥下沉深度和含水率。

本试验的记录计算表格见附表1-4，绘图格式见附图1-1。

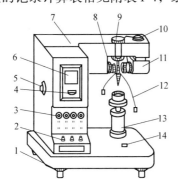

图4-4 光电式液塑限仪结构示意图

1—水平调节螺栓；2—控制开关；3—指示发光管；4—零
线调节螺栓；5—反光镜调节螺栓；6—屏幕；7—机壳；
8—物镜调节螺栓；9—电磁装置；10—光源调节螺栓；
11—光源装置；12—圆锥仪；13—升降台；14—水平泡

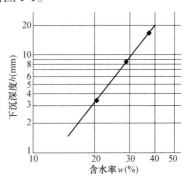

图4-5 圆锥下沉深度与含水率关系图

3.绘图

将试样的不同圆锥下沉深度h（mm）与相应的含水率w（％）绘于双对数坐标纸上。若通过高含水率的一点与其余两点连线在圆锥下沉深度为2mm处的含水率差值小于等于2％时，取中值与高含水率点连一直线；其大于2％时，则应补做试验。在双对数坐标纸上的不同圆锥下沉深度与相应的含水率关系直线上查得圆锥下沉深度为17mm处的相应含水率为液限，下沉深度为2mm处的相应含水率为塑限，如图4-5所示。

4.计算

按式（4-15）计算试样的塑性指数：

$$I_p = w_1 - w_p \tag{4-15}$$

按式（4-16）计算试样的液性指数：

$$I_\mathrm{I} = \frac{w - w_\mathrm{p}}{w_\mathrm{I} - w_\mathrm{p}} \qquad (4\text{-}16)$$

式中　I_p——塑性指数；

　　　I_I——液性指数；

　　　w_I——液限，%；

　　　w_p——塑限，%；

　　　w——初始含水率，%。

4.2.7 渗透试验

渗透试验是通过测定土的渗透系数，以了解土的渗透性能及分析基坑开挖时边坡的渗透稳定性，以及计算地层渗流量等。渗透是指水在土孔隙中运移的现象。在层流状态下，渗透速度 v 与水力梯度 i 成正比；当水力梯度 $i=1$ 时的渗透速度称为土的渗透系数 k，以达西定律表示为式（4-17）。

$$v = ki \qquad (4\text{-}17)$$

式中　v——渗透速度；

　　　i——水力梯度；

　　　k——土的渗透系数。

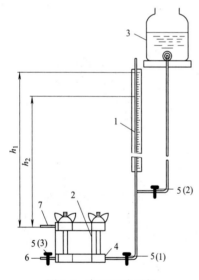

图4-6　南55型渗透仪

1—测压管；2—渗透容器；3—供水瓶；
4—进水口；5—管夹；6—排气口；7—出水口

渗透试验采用南55型渗透仪进行，如图4-6所示。试验方法有常水头渗透试验和变水头渗透试验两种。常水头试验法，是在整个过程中保持水头为一常数，它适用于测量渗透性大的砂性土的渗透系数。而对于黏性土来说，由于其渗透系数较小，故渗水量较少，用常水头渗透试验不易准确测定。因此，对于这种渗透系数小的土可用变水头试验方法。常水头和变水头的试验记录表见附表1-8。

1. 变水头法

变水头法的操作步骤如下：

（1）制备试样，充水饱和；

（2）安装试样，容器不得漏气漏水；

（3）容器侧立，排气口向上排气，关闭排气管5（3）；

（4）打开进水管夹，静置12h；

（5）开始试验，关闭5（2）管夹，打开5（1）管夹，测记时间、水头 h_1、水温；

（6）按预定的时间间隔测记水头 h_2 和时间的变化。

2. 常水头法

常水头法的操作步骤为：

（1）~（4）与变水头方法相同。

（5）开始试验，打开5（1）、5（2）管夹，测记起始时间、水头 h_1、水温；

（6）按规定的时间用量筒接取出水口的渗水量，测记结束时间、水头 h_2、水温。

3. 计算

变水头计算公式：

$$k_{\mathrm{T}} = 2.3 \frac{aL}{At} \log \frac{h_1}{h_2} \tag{4-18}$$

常水头计算公式：

$$k_{\mathrm{T}} = \frac{QL}{Aht} \tag{4-19}$$

标准温度下的渗透系数计算公式：

$$k_{20} = k_{\mathrm{T}} \frac{\eta_{\mathrm{T}}}{\eta_{20}} \tag{4-20}$$

式中　k_{T}——水温为 $T℃$ 时试样的渗透系数，cm/s；

a——变水头管的断面积，cm^2；

L——两侧压管中心距离，cm；

A——试样的断面积，cm^2；

t——时间，s；

h_1——开始时水头，cm；

h_2——终止时水头，cm；

Q——t 秒内的渗出水量，cm^3；

h——常水头，cm；

k_{20}——标准温度（20℃）时试样的渗透系数，cm/s；

η_{20}——20℃时水的动力黏滞系数，$\eta_{20}=1.010×10^{-6}kPa·s$；

η_{T}——$T℃$ 时水的动力黏滞系数，kPa·s；黏滞系数比 $\eta_{\mathrm{T}}/\eta_{20}$ 查表4-2。

水温及水的黏滞系数比 $\pmb{\eta_{\mathrm{T}}/\eta_{20}}$　　　　　　　　表4-2

水温(℃)	$\eta_{\mathrm{T}}/\eta_{20}$	水温(℃)	$\eta_{\mathrm{T}}/\eta_{20}$	水温(℃)	$\eta_{\mathrm{T}}/\eta_{20}$	水温(℃)	$\eta_{\mathrm{T}}/\eta_{20}$	水温(℃)	$\eta_{\mathrm{T}}/\eta_{20}$
5	1.501	10	1.297	15	1.133	20	1.000	25	0.890
6	1.455	11	1.261	16	1.104	21	0.976	26	0.870
7	1.414	12	1.227	17	1.077	22	0.953	27	0.850
8	1.373	13	1.194	18	1.050	23	0.932	28	0.833
9	1.334	14	1.163	19	1.025	24	0.910		

4.2.8　思考题

1. 简述环刀法测定土的密度的适用条件，以及环刀法取样时的注意事项。
2. 比重试验产生误差的原因有哪些？
3. 试述烘干法测定含水率的适用条件以及注意事项。
4. 什么是土的物理性质指标？其中哪些是基本指标？哪些是换算指标？
5. 土的界限含水率有哪几种？对应的物理意义分别是什么？
6. 简述常水头渗透试验和变水头渗透试验的适用条件。
7. 渗透试验为什么使用饱和试样？

4.3　土的颗粒分析试验

4.3.1　概述

土的颗粒大小分析试验，是测定干土中各种粒组质量占该土总质量的百分数的方法，了解土中不同颗粒大小土粒的分布情况，以供土的分类、判断土的工程性质及建筑选材所用。其中，颗粒大于0.075mm的部分用筛析法，颗粒小于0.075mm的部分用密度计法，其他还有吸管法等试验方法。主要计算公式见式（4-21）。

$$X = \frac{m_A}{m} \quad 或 \quad X = \frac{m_A}{m_B} d_x \tag{4-21}$$

式中 X——小于某颗粒直径的土质量百分数，%；

m_A——小于某颗粒直径的土质量，g；

m——总土质量，g；

m_B——细筛或用比重计法分析时所取试样质量（粗筛分析时为试样总质量），g；

d_x——粒径小于2mm的总土质量百分数，或粒径小于0.075mm的总土质量百分数，%。

如果土中无大于2mm的颗粒或无大于0.075mm的颗粒，计算粗筛分析土质量百分数时，则 d_x =100%。

4.3.2　粗粒土颗粒大小分析试验（筛析法）

1.仪器设备

筛析法主要用到的仪器有：粗筛（孔径分别为10、5、2mm）及细筛（孔径分别为2、1、0.5、0.25、0.1、0.074mm）、天平、台秤、摇筛机、漏斗、瓷盘、木碾等。

2.试验步骤

筛析法的主要操作步骤如下：

（1）取风干土约500g，用木碾碾碎，称出总质量。

（2）按孔径大小依次叠好各层筛，孔径大者在上层，加顶盖、底盘进行筛析（可分次进行），细筛可放在摇筛机上震摇10~15min。

（3）由最大孔径筛开始，依次取下各筛，称各级筛上及底盘内试样的质量，精确至0.1g，各级筛上土质量之和与总土质量的差值应小于1%。

（4）按基本公式计算小于某粒径的试样质量占总土质量的百分比。

（5）绘制颗粒粒径分配曲线（取粒径的对数为横坐标，小于某粒径的试样质量占总土质量的百分比为纵坐标）。

本试验的记录计算表格见附表1-5。

4.3.3　细粒土颗粒大小分析试验（密度计法）

1.试验原理

用密度计（比重计）法分析颗粒粒径大小的分布，需根据下列三个假定进行：①将司托克斯（STOKES）定律运用于土的悬液中；②试验开始时土的颗粒大小均匀地分布于水中；③所用量筒的直径要比密度计的直径大得多。

2.仪器设备

主要仪器设备有：甲种密度计（比重计）、量筒（容积1000mL，内径60mm）、天平、温度计、砂浴、搅拌器、锥形瓶、秒表等。

3.试验步骤

密度计法的试验步骤主要有：

（1）首先进行密度计刻度与土粒沉降距离校正（实验室提供）。

（2）准确称量烘干或风干试样（测其含水率）约30g，倒入锥形瓶，注入纯水浸泡过夜，煮沸 40min 后冷却。

（3）用搅拌器沿悬液深度上下搅拌15次，共1min。

（4）取出搅拌器，立即开动秒表，将密度计放入悬液中，测记1、2、5、15、30、90、1440min 时密度计的读数。

（5）密度计读数均以上缘为准，甲种密度计读至0.5°，读数同时测悬液温度。

本试验记录计算表格见附表1-6。

4. 计算

密度计法试验的结果计算按照式（4-22）~式（4-24）进行：

$$X = \frac{100}{m_d} C_G (R_m + T) \tag{4-22}$$

式中　X——小于某颗粒直径的土质量百分数，%；

　　　m_d——试样干土质量，g；

　　　C_G——相对密度校正系数，查表4-3；

　　　R_m——密度计读数；

　　　T——温度校正值，查表4-4。

$$d = K\sqrt{\frac{L}{t}} \tag{4-23}$$

$$K = \sqrt{\frac{1800\eta}{(G_s - G_{wT})g}} \tag{4-24}$$

式中　　　　　d——试样颗粒粒径，mm；

　　　　　　　K——粒径计算系数，查表4-5；

　η、G_s、G_{wT}、g——分别为纯水的动力黏滞系数、土粒相对密度、$T℃$时水的相对密度、重力加速度；

　　　　　　　L——t 时间内土粒沉降距离，cm，根据实验室标定的密度计刻度与土粒沉降距离关系曲线查得；

　　　　　　　t——沉降时间，s。

甲种密度计相对密度校正系数 C_G　　　　　　　　　表4-3

土粒相对密度 G_s	校正系数 C_G	土粒相对密度 G_s	校正系数 C_G	土粒相对密度 G_s	校正系数 C_G	土粒相对密度 G_s	校正系数 C_G
2.50	1.038	2.60	1.012	2.70	0.989	2.80	0.969
2.52	1.032	2.62	1.007	2.72	0.985	2.82	0.965
2.54	1.027	2.64	1.002	2.74	0.981	2.84	0.961
2.56	1.022	2.66	0.998	2.76	0.977	2.86	0.958
2.58	1.017	2.68	0.993	2.78	0.973	2.88	0.954

温度(℃)	校正值 T	温度(℃)	校正值 T	温度(℃)	校正值 T	温度(℃)	校正值 T
10	-2.0	15	-1.2	20	0.0	25	1.7
11	-1.9	16	-1.0	21	0.3	26	2.1
12	-1.8	17	-0.8	22	0.6	27	2.5
13	-1.6	18	-0.5	23	0.9	28	2.9
14	-1.4	19	-0.3	24	1.3	29	3.3

粒径计算系数 *K* 值表　　　　　表4-5

温度 T(℃)	土粒相对密度								
	2.45	2.50	2.55	2.60	2.65	2.70	2.75	2.80	2.85
5	0.138	0.136	0.134	0.132	0.130	0.128	0.126	0.124	0.123
10	0.129	0.127	0.125	0.123	0.121	0.119	0.117	0.116	0.114
15	0.120	0.118	0.117	0.117	0.113	0.111	0.110	0.108	0.107
20	0.113	0.111	0.109	0.108	0.106	0.104	0.103	0.101	0.100
25	0.107	0.105	0.103	0.101	0.100	0.098	0.097	0.096	0.094
30	0.101	0.099	0.098	0.096	0.095	0.093	0.092	0.091	0.089
35					0.090	0.088	0.087		

5. 曲线绘制

以小于某粒径的试样质量占试样总质量的百分比为纵坐标，颗粒粒径为横坐标，在半对数坐标上绘制颗粒大小分布曲线（附图1-2）。当采用密度计法和筛析法联合分析时，应将试样总质量折算后绘制颗粒大小分布曲线，并应将两段曲线连成一条平滑的曲线，如图4-7所示。

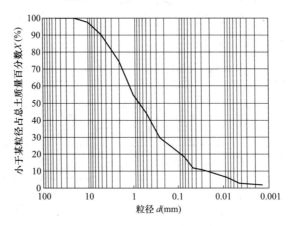

图4-7　颗粒大小分配曲线

6. 土的粒径和级配

由颗粒大小分布曲线得到 d_{10}、d_{30}、d_{50}、d_{60}，按式（4-25）、式（4-26）计算土的不均匀系数 C_u 和曲率系数 C_v：

$$C_{\mathrm{u}} = \frac{d_{60}}{d_{10}} \tag{4-25}$$

$$C_{\mathrm{v}} = \frac{d_{30}^2}{d_{10} \times d_{60}} \tag{4-26}$$

式中 C_{u}——土的不均匀系数；

                     C_{v}——土的曲率系数；

d_{10}、d_{30}、d_{60}——分别为土的级配曲线上颗粒含量小于10%、30%、60%的粒径，mm。

如果 $C_{\mathrm{u}} \geqslant 5$，$C_{\mathrm{v}} = 1 \sim 3$，则该土的颗粒级配可确定为良好级配；如果不同时满足上述两个条件，则该土的级配为不良级配。

土的粒径和级配计算见附表1-7。

4.3.4 思考题

1. 简要说明土的颗粒大小分析试验的方法及适用条件。
2. 简要说明筛析法试验过程中应注意的问题。
3. 简述密度计法的试验原理及试验过程中的注意事项。
4. 土的颗粒级配曲线很陡时代表该土样有何特点?
5. 试分析用密度计法做颗粒大小分析试验时可能产生误差的因素。

4.4 土的工程分类

4.4.1 分类目的和适用范围

土的工程分类具有重要的工程意义。自然界中土的成分、结构及性质千差万别，因此表现的工程性质也不尽相同。如果能把工程性质接近的一些土归为一类，那么就可以大致判断这类土的工程特性，了解这类土作为建筑物地基或建筑材料的适用性。对于无黏性土，颗粒级配对其工程性质起决定性作用，而对于黏性土，由于它与水的作用非常明显，因此，液限和塑性指数是对黏性土进行分类的主要依据。

4.4.2 一般要求

对土的工程分类，国内尚无统一的分类标准，不同部门根据各自行业的特点和需要，形成有各自的分类标准。目前，应用较多的土的工程分类标准有两大类：一是建筑工程系统的分类标准，侧重将土作为建筑地基或环境构成，故以原状土为研究对象，如《建筑地基基础设计规范》GB 50007—2011中的地基土分类方法；二是工程材料系统的分类体系，侧重于将土作为路堤、土坝及填土地基等工程中的材料，故以扰动土为研究对象，如《土的工程分类标准》GB/T 50145—2007。本节主要介绍《建筑地基基础设计规范》GB 50007—2011和《土的工程分类标准》GB/T 50145—2007中对土的分类标准。

4.4.3 工程分类

1.工程材料系统分类

工程材料系统分类主要参照《土的工程分类标准》GB/T 50145—2007进行。按照此标准进行分类，首先需判断该土为有机土还是无机土。根据该标准规定，有机质含量超过5%的土为有机土，否则就属于无机土。若属于无机土，则根据土内各粒组的相对含量，将土分成巨粒土、粗粒土、细粒土三大类。

（1）巨粒土：粒径大于60mm的颗粒含量不小于15%的土，称为巨粒土。

（2）粗粒土：粒径大于0.075mm的颗粒含量超过全部质量50%的土，称为粗粒土。粗粒土又分为砾类土和砂类土两类，详见表4-6。

（3）细粒土：粒径小于0.075mm的颗粒含量不小于全部质量50%的土，称为细粒土。细粒土的详细分类见表4-7。

粗粒土的分类标准　　　　　表4-6

土类		粒组含量	土代号
粗粒土	砾类土	粒径大于2mm的颗粒含量大于全部质量的50%	G
	砂类土	粒径大于2mm的颗粒含量不超过全部质量的50%	S

细粒土的分类标准　　　　　表4-7

土的塑性指数和液限		土代号	土名称
塑性指数 I_p	液限 W_L		
$I_p \geq 0.73(W_L-20)$ 和 $I_p \geq 7$	$W_L \geq 50\%$	CH	高液限黏土
	$W_L < 50\%$	CL	低液限黏土
$I_p < 0.73(W_L-20)$ 和 $I_p < 7$	$W_L \geq 50\%$	MH	高液限粉土
	$W_L < 50\%$	ML	低液限粉土

2.建筑地基系统分类

建筑地基系统按照《建筑地基基础设计规范》GB 50007—2011进行分类，将天然土分为：岩石、碎石类土、砂类土、粉土、黏性土和人工填土6大类。

（1）岩石

1）根据成因不同，可分为岩浆岩、沉积岩和变质岩。

2）根据坚硬程度不同，可分为坚硬岩、较硬岩、较软岩、软岩和极软岩5种。

3）按风化程度不同，可分为未风化、微风化、中风化、强风化和全风化5种。

4）按完整性不同，可分为完整、较完整、较破碎、破碎和极破碎5种。

（2）碎石类土

粒径大于2mm的颗粒含量超过总量50%的土，称为碎石类土。

（3）砂类土

粒径大于2mm的颗粒含量不超过总量50%，且粒径大于0.075mm的颗粒含量超过总量50%的土，称为砂类土。根据粒组情况的不同，砂类土可细分为5种，详见表4-8。

（4）粉土

粒径大于0.075mm的颗粒含量不超过总量的50%，且塑性指数 $I_p \leq 10$ 的土，称为粉土。

（5）黏性土

粒径大于0.075mm的颗粒含量不超过总量的50%，且塑性指数 $I_p > 10$ 的土，称为黏性土。黏性土又可细分为粉质黏土：$10 < I_p \leq 17$；黏土：$I_p < 17$。

（6）人工填土

由人类活动堆填形成的各类堆积物，称为人工填土。

砂类土的分类		表4-8

土的名称	粒组含量
砾砂	粒径大于2mm颗粒占总质量大于25%,且少于50%
粗砂	粒径大于0.5mm颗粒超过总质量的50%
中砂	粒径大于0.25mm颗粒超过总质量的50%
细砂	粒径大于0.075mm颗粒超过总质量的85%
粉砂	粒径大于0.075mm颗粒超过总质量的50%

4.4.4 思考题

1. 为什么要进行土的工程分类?
2. 土的分类标准和方法有哪些?其各自的划分标准是什么?

4.5 土的力学性质指标试验

4.5.1 概述

土是由固、液、气体多相组成的体系,其性质由其地质成因、形成时间、地点、环境、方式,以及后生演化和现时产出的条件决定。土中各相系组成的质和量,以及它们之间的相互作用是控制土的工程性质的主要因素。其中,土的力学性质在工程设计、施工中尤为重要。因此,准确获取工程位置土的各项力学性质指标,对保障工程施工安全和服役安全具有重要作用。

根据现行国家标准《土工试验方法标准》GB/T 50123—2019,土的力学性质指标试验主要有固结压缩、直接剪切、三轴压缩、无侧限抗压强度、击实试验等,本书主要介绍土的常见力学性质指标试验。

4.5.2 固结(压缩)试验

土的压缩性测定,是指测定试样在侧限与轴向排水条件下的变形和压力、孔隙比和压力的关系、变形和时间的关系,以便计算土的单位沉降量 S_i、压缩系数 a_v、压缩指数 C_s、压缩模量 E_s、固结系数 C_v 及原状土的先期固结压力 P_c 等。本试验适用于细粒饱和黏性土。当只进行压缩试验时,允许用于非饱和土。

1.试验步骤

固结仪的主要结构如图4-8所示,土的压缩性测定试验操作步骤如下:

(1)将带有试样(已测过密度和含水率)的环刀小心装入固结容器内,套上护环,放上透水石和加压盖板,并将容器置于加压框架正中,安装百分表或位移传感器。

(2)施加1kPa的预压力使试样与仪器上下各部件之间接触。将百分表或位移传感器调零。

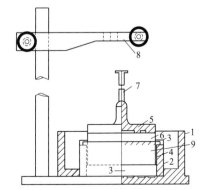

图4-8 固结仪示意图

1—水槽;2—护环;3—上护环;4—环刀;5—加压盖板;

6—透水石;7—百分表导杆;8—百分表架;9—试样

（3）确定需要施加的各级压力，压力等级宜为12.5、25、50、100、200、400、800、1600、3200kPa。最后一级压力应大于自重压力与附加压力之和。只需测定压缩系数时，最大压力不小于400kPa。

（4）需要确定原状土的先期固结压力时，初始段的荷重率应小于1，可采用0.5或0.25倍，施加的压力应使测得的e-$\log P$曲线下段出现较长的直线段，对于超固结土，应进行卸荷载，再加荷载来评价其再压缩特性。

（5）第一级压力的值应视土的软硬程度而定，宜为12.5、25或50kPa（第一级施加压力应减去预压压力）。对于饱和试样，施加第一级压力后即向水槽中注水浸没试样。做非饱和试样时，须用湿棉纱围住加压板周围一面，防止水分蒸发。

（6）需要测定沉降速率时（测定沉降速率仅适用饱和土），则施加每一级压力后宜按下列时间顺序测记试样的高度变化。时间为6s、15s、1min、2min、4min、9min、30min、1h……23h、24h，至稳定为止。不需要测定沉降速度时，则施加每级压力后24h，测记试样的高度变化作为稳定标准。只需测定压缩系数的试样，施加每级压力后，每小时变形达0.01mm时，测定试样高度变化作为稳定标准。按此步骤逐级加压至试验结束。

（7）需要进行回弹试验时，可在某级压力下固结稳定后退压，直至退到要求的压力，每次退压至24h后测定试样的回弹量。

（8）试验结束后吸去容器中的水，迅速拆除仪器各部件，取出试样，测定含水率。

固结试验记录表格见附表1-9。

2. 土的压缩性指标的确定

土的压缩性指标计算见下列各式，计算记录表格见附表1-10。

（1）按式（4-27）计算试样的初始孔隙比e_0：

$$e_0 = \frac{(1 + w_0)G_s\rho_w}{\rho_0} - 1 \qquad (4\text{-}27)$$

（2）按式（4-28）计算各级压力下试样固结稳定后的单位沉降量S_i：

$$S_i = \frac{\sum \Delta h_i}{h_0} \times 10^3 \qquad (4\text{-}28)$$

（3）按式（4-29）计算各级压力下试样固结稳定后的孔隙比e_i：

$$e_i = e_0 - \frac{1 + e_0}{h_0} \Delta h_i \qquad (4\text{-}29)$$

（4）某一压力范围内的压缩系数a_v按式（4-30）计算：

$$a_v = \frac{e_i - e_{i+1}}{P_{i+1} - P_i} \qquad (4\text{-}30)$$

（5）某一压力范围内的压缩模量E_s按式（4-31）计算：

$$E_s = \frac{1 + e_i}{a_v} = \frac{P_{i+1} - P_i}{S_{i+1} - S_i} \times 10^3 \qquad (4\text{-}31)$$

（6）某一压力范围内的体积压缩系数m_v按式（4-32）计算：

$$m_v = \frac{1}{E_s} = \frac{a_v}{1 + e_0} \qquad (4\text{-}32)$$

（7）压缩指数（C_c）和回弹指数（C_s）按式（4-33）计算：

$$C_c(C_s) = \frac{e_i - e_{i+1}}{\log P_{i+1} - \log P_i} \qquad (4\text{-}33)$$

以上各式中 　　G_s——土粒相对密度；

w_0——试样的初始含水率，%；

ρ_0——试样的起始密度，g/cm³；

ρ_w——水的密度，g/cm³；

S_i——各级压力下试样固结稳定后的单位沉降量，mm/m；

h_0——试样初始高度，mm；

$\sum\Delta h_i$——某级压力下试样固结稳定后的总变形量（等于该级压力下固结稳定读数减去仪器变形量），mm；

P_i——某级压力值，kPa；

C_c、C_s——分别为压缩指数、回弹指数，即 $e\text{-}\log P$ 曲线直线段的斜率。

3. 土的压缩曲线的绘制

（1）以孔隙比 e 或单位沉降量 S_i 为纵坐标，压力 P 为横坐标，绘制孔隙比或单位沉降量与压力的关系曲线（图4-9）。

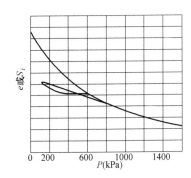

图4-9　$e(S_i)\text{-}P$ 关系曲线

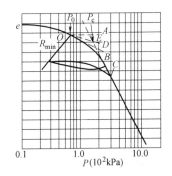

图4-10　$e\text{-}\log P$ 关系曲线

（2）以孔隙比为纵坐标，压力的对数为横坐标，绘制 $e\text{-}\log P$ 关系曲线（图4-10）。

（3）确定原状土试样的先期固结压力 P_c：在 $e\text{-}\log P$ 曲线上找出最小曲率半径 R_{min} 的点 O，过 O 点作水平线 OA、切线 OB 及 $\angle AOB$ 的平分线 OD，OD 与曲线下段直线部分的延长线交于 E 点，对应于 E 点的压力值即为该原状土试样的先期固结压力 P_c。

（4）固结系数 C_v 按下列方法确定。

时间平方根法：对某一级压力，以试样的变形（mm）为纵坐标，时间平方根 $\sqrt{t}$（min）为横坐标，绘制 $d\text{-}\sqrt{t}$ 曲线（图4-11），延长 $d\text{-}\sqrt{t}$ 曲线开始段的直线，交纵坐标于 d_s，为理论零点，过 d_s 作另一直线，令其横坐标为前一直线横坐标的1.15倍，则后一直线与 $d\text{-}\sqrt{t}$ 曲线交点所对应的时间的平方即为试样固结度达90%所需的时间 t_{90}，该级压力下的固结系数应按下式计算：

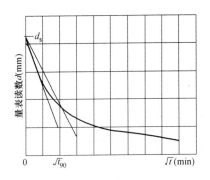

图4-11　时间平方根法求 t_{90}

$$C_v = \frac{0.848\,\overline{h}^2}{t_{90}} \qquad (4\text{-}34)$$

$$\overline{h} = \frac{h_1 + h_2}{4} \qquad (4\text{-}35)$$

式中　C_v——固结系数，cm²/s；

$\overline{h}$——最大排水距离，等于某级压力下试样初始和终了高度的平均值的1/2，cm；

t_{90}——固结度达90%所需的时间，s。

（5）图4-12是一个土样快速固结压缩变形与时间关系曲线的示例。

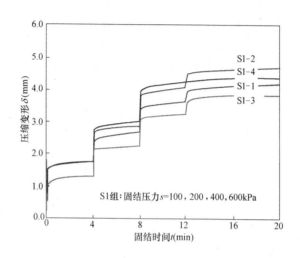

图4-12　土样固结压缩变形与时间关系曲线

4.5.3　土的直接剪切试验

1.试验目的及范围

直接剪切试验主要适用于细粒土。通常从同一组土样切取不少于4个试样，分别在不同的垂直压力下施加水平的剪切力，测得试样破坏时的剪应力τ_f（抗剪强度），确定土的内摩擦角φ和黏聚力c。内摩擦角和黏聚力与抗剪强度的关系，用库伦公式表达为式（4-36）：

$$\tau_f = c + \sigma\tan\varphi \qquad (4\text{-}36)$$

式中　τ_f——抗剪强度，kPa；

c——黏聚力，kPa；

σ——垂直压力，kPa；

φ——内摩擦角，°。

2.试验设备及方法

试验主要仪器设备为：应变控制式直接剪切仪（手摇或电动）（图4-13）、量表、天平、环刀等。

常见的试验方法有慢剪、固结快剪、快剪等。

3.快剪试验步骤

慢剪、固结快剪和快剪的主要过程基本相同，只是慢剪和固结快剪需在水平剪切前增加固结排水的过程，同时慢剪的剪切速率低于快剪。本节主要针对快剪试验进行介绍，其操作步骤如下：

（1）对准剪切容器上下盒，插入固定销。在下盒内放透水板和滤纸。将装有试样的环刀平口向下，对准剪切盒口，在试样上放滤纸和透水板，将试样徐徐推入剪切盒内，移去环刀。

（2）转动手轮，使上盒前端钢珠刚好与量力环接触。调整量力环中的量表读数为零。顺次加上加压盖板、钢珠、压力框架，安装垂直量表，测记起始读数。

（3）施加垂直压力后，立即拔取固定销，开动秒表，以每分钟4~12转的速率均匀旋转手轮，使试样在3~8min内发生剪切破坏。如量力环中量表指针不再前进，或有显著后退，表示试样已剪切破坏。但一般宜剪至剪切变形达到4mm。若量表指针继续前进，则剪切变形应达到6mm为止。手轮每转一转，同时测记量力环量表读数并根据需要测记垂直量表读数，直至剪切破坏为止。

（4）剪切结束后，吸取剪切盒中积水，倒转手轮，尽快移去垂直压力、框架、钢珠加盖板等。取出试样，测定剪切面附近土的含水率。

（5）每组试验至少取4个试样，在不同垂直压力 σ 下进行剪切。一个垂直压力相当于现场预期的最大压力 σ_{max}，另一个垂直压力要大于 σ_{max}，其他两个垂直压力均小于 σ_{max}。但4个垂直压力的各级差值要大致相等（例如100、200、300、400kPa），各垂直压力可一次轻轻施加。若土质松软，也可分次施加以防土样挤出。

试验记录表格见附表1-11。

4.计算及绘图

按式（4-37）、式（4-38）计算应变控制式直剪仪所测的剪应力及剪切位移。

$$\tau = C \cdot R \tag{4-37}$$

$$\Delta l = \Delta l' \cdot n - R \tag{4-38}$$

式中　τ——试样的剪应力，kPa；

C——量力环率定系数，kPa/0.01mm；

R——量力环量表读数，0.01mm；

Δl——剪切位移，0.01mm；

$\Delta l'$——手轮转动1转的位移量，0.01mm；

n——手轮转数。

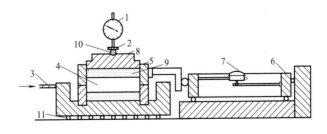

图4-13　应变控制式直接剪切仪

1—垂直量表；2—垂直加荷框架；3—推力座；4—试样；5—剪切盒；6—量力环；
7—量力环中量表；8—加压盖板；9—透水石；10—钢珠；11—滚珠槽

以剪应力为纵坐标，剪切位移为横坐标，绘制剪应力与剪切位移关系曲线，如图4-14所示，取曲线上剪应力的峰值为抗剪强度，无峰值时，取剪切位移4mm所对应的剪应力为抗剪强度。试验计算记录表格见附表1-12。

以抗剪强度为纵坐标，垂直压力为横坐标，绘制抗剪强度与垂直压力关系曲线，如图4-15所示，直线的倾角为摩擦角，直线在纵坐标上的截距为黏聚力。附图1-3提供了坐标轴，可以在其上直接绘制剪应力与剪切位移曲线。

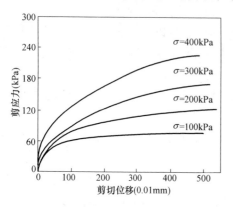

图4-14　剪应力与剪切位移关系曲线

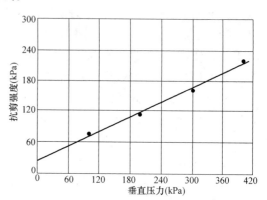

图4-15　抗剪强度与垂直压力关系曲线

4.5.4　土三轴压缩试验

1.试验原理及目的

一般认为土体的破坏条件用摩尔-库仑准则表示比较符合实际。根据摩尔-库仑准则，土体在各向主应力作用下，作用在某一应力面上的剪应力 τ 与法向应力 σ 达到某一比值，土体就将沿该面发生剪切破坏，而与作用的各向主应力大小无关。摩尔-库仑破坏准则表达式为：

$$\frac{1}{2}(\sigma_1 - \sigma_3) = c \cdot \cos\varphi + \frac{1}{2}(\sigma_1 + \sigma_3)\sin\varphi \qquad (4-39)$$

式中　σ_1——轴向应力，kPa；

σ_3——围压，kPa；

c——黏聚力，kPa；

φ——内摩擦角，°。

三轴压缩试验是先在几个不同围压条件下，逐渐增大轴压直至破坏，以此求取试样的抗剪强度参数。由于仪器可以控制轴压和围压的大小及排水条件，受力状态明确，剪切面不固定，又能测定土的孔隙压力和体积变化，所以在土力学试验中得到广泛应用。

本试验的目的是为了解土三轴试验的测试指标及工程意义，以及土三轴试验的方法和操作过程，了解常规土三轴仪、GDS非饱和土三轴仪等设备的使用和区别。

2.试验方法

根据土样固结状态和剪切时的排水条件，三轴试验可分为不固结不排水剪（UU）、固结不排水剪（CU）、固结排水剪（CD）。

（1）不固结不排水剪（UU）：试验在施加周围压力和增加轴向压力直至破坏过程中均

不允许试样排水，土中的含水率始终保持不变，孔隙水压力也不可能消散。

（2）固结不排水剪（CU）：试样先在某一周围压力作用下排水固结，然后在不排水的情况下增加轴向压力直至破坏。

（3）固结排水剪（CD）：试样先在某一周围压力作用下排水固结，然后在允许试样充分排水的情况下增加轴向压力直至破坏。

3.主要仪器设备

（1）应变式三轴压缩仪：由周围压力系统、反压力系统、孔隙水压力量测系统和主机组成。

（2）附属设备：击实器、切土器、切土盘、饱和器、分样器、承膜筒和对开圆膜。

4.试验准备

（1）试验前仪器检查

1）孔隙水压力量测系统内的气泡应完全排除。系统内的气泡可用纯水冲出或施加压力使气泡溶解于水，并从试样底座溢出。

2）检查管路。管路应畅通，各连接处应无漏水，压力室活塞杆在轴套内应能滑动。

3）橡皮膜在使用前应仔细检查。其方法是扎紧两端，向膜内充气，在水中检查，应无气泡溢出，方可使用。

（2）试样制备

1）试验一般需要3~4个土样分别在不同周围压力下进行；

2）试样尺寸：试样高度宜为试样直径的2~2.5倍，试样直径分别为39.1mm、61.8mm、101.0mm，试样的最大粒径应符合表4-9的规定。对于有裂隙、软弱面或结构面的试样，直径宜选101.0mm。

土样直径与试样直径的关系（mm）　　　　　　　　　　　　　表4-9

试样直径 D	最大允许粒径 d_{max}
39.1	$\frac{1}{10}D$
61.8	$\frac{1}{10}D$
101.0	$\frac{1}{5}D$

3）原状土样的试样制备：根据土样的软硬程度，分别用切土盘和切土器切成圆柱形试样，试样两端应平整，并垂直于试样轴。当试样侧面或端部有小石子或凹坑时，允许用削下的余土对其进行修整，试样切削时应尽量避免扰动。

4）扰动土的试样制备：按照要求的含水率，调配土膏。根据要求的干密度，称取所需土质量。按试样高度分层击实，粉土分3~5层击实，黏土分5~8层击实。各层土料质量相等。每层击实至要求高度后，将表面刨毛，再加第二层土料。如此继续进行，直至击实最后一层。将击样筒中的试样两端整平，取出试样并称其质量。

5）砂类土的试样制备：先在压力室底座上依次放上不透水板、橡皮膜和对开圆膜。将砂料填入对开圆膜内，分三层按预定干密度击实。当制备饱和试样时，在对开圆膜内注入纯水至1/3高度，将煮沸的砂料分三次填入，达到预定高度。放上不透水板、试样帽，扎紧橡皮膜。对试样内部施加5kPa负压力，使试样能站立，拆除对开膜。

6）对制备好的试样，量测其直径和高度。试样的平均直径D_0按式（4-40）计算：

$$D_0 = \frac{D_1 + 2D_2 + D_3}{4} \tag{4-40}$$

式中　D_1、D_2、D_3——分别为上、中、下部分的直径，mm。

（3）试样饱和

1）抽气饱和法：将装有试样的饱和器置于无水的抽气缸内。进行抽气。当真空度接近1个大气压后，应继续抽气，继续抽气时间：粉土不小于0.5h，黏土不小于1h，密实的黏土不小于2h。当抽气时间达到要求后，徐徐注入清水，并保持真空度稳定。待饱和器完全被水淹没即停止抽气，并释放抽气缸的真空。试样在水下静置时间应大于10h，然后取出试样并称其质量。

2）水头饱和法：该方法适用于粉土或粉土质砂。将试样装于压力室内，施加20kPa周围压力。水头高出试样顶部1m，使纯水从底部进入试样，从试样顶部溢出，直至流入水量和溢出水量相等为止。当需要提高试样的饱和度时，宜在水头饱和前，从底部将二氧化碳气体通入试样，置换孔隙中的空气，再进行水头饱和。

3）反压力饱和法：试样要求完全饱和时，应对试样施加反压力。试样装好后，关孔隙压力阀和反压力阀，测记体变管读数。先对试样施加20kPa的周围压力预压，并打开孔隙压力阀待孔隙压力稳定后记下读数，然后关孔隙压力阀；反压力应分级施加，并同时分级施加周围压力，以减少对试样的扰动，在施加反压力的过程中，始终保持周围压力比反压力大20kPa。反压力和周围压力的每级增量：对软黏土取30kPa，对坚实的土或初始饱和度较低的土，取50～70kPa。操作时，先调周围压力至50kPa，并将反压力系统调至30kPa，同时打开周围压力阀和反压力阀，再缓缓打开孔隙压力阀，待孔隙压力稳定后，测记孔隙压力计和体变管读数，施加下一级的周围压力和反压力。当孔隙水压力增量与周围压力增量之比大于0.98时，即试样饱和，否则重复前述试验操作，直至试样饱和为止。

5.试验步骤

以不固结不排水剪（UU）为例对试验的操作步骤进行介绍。

（1）试样安装。先把乳胶膜装在承膜筒内，用吸气球从气嘴吸气，使乳胶膜贴紧筒壁，套在制备好的试样外面，将压力室底座的透水石与管路系统以及孔隙水测定装置充水并放上一张滤纸；然后再将套上乳胶膜的试样放在压力室的底座上，翻下乳胶膜的下端与底座一起用橡皮筋扎紧，翻开乳胶膜的上端与土样帽用橡皮筋扎紧；最后加上玻璃罩，并拧紧密封螺帽，同时使传压活塞与土样帽接触。

（2）关闭所有管路阀门，在不排水的条件下加荷，同时测定试样的孔隙水压力。

（3）施加周围压力σ_3。分别按100kPa、200kPa、300kPa、400kPa的压力施加周围压力。

（4）调整零点。调整量测轴向变形的位移计和轴向压力测力计的初始读数到"零点"。

（5）施加轴向压力。启动电机，开始剪切。剪切应变速率取每分钟0.5%~1.0%，当试样每产生轴向应变为0.3%~0.4%时，测记一次测力计、孔隙水压力和轴向变形的读数，直至轴向应变达到20%为止。

（6）试验结束。停机并卸除周围压力，然后拆除试样，描述试样破坏后的形状。

6.不固结不排水剪（UU）主要计算公式

（1）轴向应变：

$$\varepsilon_1 = \frac{\Delta h_1}{h_0} \times 100\% \tag{4-41}$$

（2）面积校正：

$$A_a = \frac{A_0}{1 - \varepsilon_1} \tag{4-42}$$

（3）主应力差：

$$\sigma_1 - \sigma_3 = \frac{P - P_0}{A} = \frac{C_R R}{A_a} \times 10 \tag{4-43}$$

（4）σ_1 与 σ_3 关系：

$$\sigma_1 = \sigma_0 + k\sigma_3 \tag{4-44}$$

（5）按式（4-45）、式（4-46）计算 c, φ 值：

$$c = \frac{\sigma_0}{2\sqrt{k}} \tag{4-45}$$

$$\varphi = \tan^{-1}\left(\frac{k-1}{2\sqrt{k}}\right) \tag{4-46}$$

以上各式中
ε_1——轴向应变，%；

P、P_0——分别为轴向载荷、轴向加 σ_3 后引起的初始载荷，N；

Δh_1、h_0——分别为轴向变形、试验前试样高度，mm；

A_a、A_0——分别为校正后试样面积、试验前试样面积，cm^2；

σ_1、σ_3、σ_0——分别为轴向应力、围压、$\sigma_3 = 0$ 时的 σ_1 值，kPa；

C_R——量力环率定系数，N/0.01mm；

R——量力环表读数，0.01mm；

c——黏聚力，kPa；

φ——内摩擦角，°。

4.5.5 无侧限抗压强度试验

1.试验原理及目的

无侧限抗压强度是试样在无侧向压力条件下，抵抗轴向压力的极限强度。定义原状土的抗压强度与重塑后的抗压强度之比为灵敏度。

本试验的目的主要是掌握土的无侧限压缩试验方法，了解相应仪器设备的使用方法，并测定饱和软黏土的无侧限抗压强度及灵敏度。

2.仪器设备

应变控制式无侧限压力仪（图4-16），包括量力环、加压框架及升降螺杆等。应根据土的软硬程度选用不同量程的测力计。其他仪器设备有：量表、切土盘、重塑筒、天平、削土刀、钢丝锯、秒表、铜垫板、卡尺等。

3.试验步骤

土的无侧限抗压强度试验主要步骤如下：

（1）将原状土按天然层次的方向安放在桌面上，用削土刀、钢丝锯等工具细心切削成圆柱状试样。试样直径可为35~40mm，试样高度与直径之比可为2~2.5。

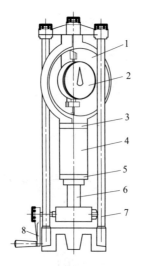

图4-16 应变控制式无侧限压力仪

1—量力环；2—量表；3—上加压板；4—试样；

5—下加压板；6—螺杆；7—加压框架；8—手柄

（2）在试样两端抹一薄层凡士林，气候干燥时，试样侧面也需抹一薄层凡士林，防止水分蒸发。

（3）将试样放在底座上，试样与加压板刚好接触，根据土的软硬程度选用不同量程的测力计，将测力计读数调至零。

（4）轴向应变速率宜为每分钟2%~3%，试验宜在8~10min内完成。

（5）当测力计读数出现峰值时，继续加载，直至应变增加3%~5%后停止试验；当读数无峰值时，试验应进行到应变达20%为止。试验结束，取下试样，描述试样破坏后的形状。

（6）当需要测定灵敏度时，将破坏后的试样除去涂有凡士林的表面，加少许余土，包于塑料布内用手搓捏，破坏其结构，搓成圆柱状，放入重塑筒内，挤成与原状试样相等的尺寸、密度和含水率，并按步骤（1）~（5）进行试验。

4.计算及制图

（1）计算轴向应变ε_1：

$$\varepsilon_1 = \frac{\Delta h}{h_0} \tag{4-47}$$

（2）计算试样校正面积A_a：

$$A_a = \frac{A_0}{1 - \varepsilon_1} \tag{4-48}$$

（3）计算试样所受的轴向应力σ：

$$\sigma = \frac{10CR}{A_a} \tag{4-49}$$

（4）计算灵敏度S_t：

$$S_t = \frac{q_u}{q'_u} \qquad (4\text{-}50)$$

式中 ε_l——轴向应变，%；

       Δh——轴向变形，cm；

       h_0——试验前试样高度，cm；

       A_a——校正后试样面积，cm^2；

       A_0——试验前试样面积，cm^2；

       σ——轴向应力，kPa；

       C——量力环率定系数，N/0.01mm；

       S_t——灵敏度；

       q_u——原状试样的无侧限抗压强度，kPa；

       q'_u——重塑试样的无侧限抗压强度，kPa。

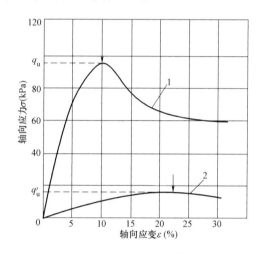

图4-17　轴向应力与轴向应变关系曲线

1—原状试样；2—重塑试样

（5）以轴向应力为纵坐标，轴向应变为横坐标，绘制应力-应变曲线，见图4-17。取曲线上的最大轴向应力作为无侧限抗压强度 q_u。如果最大轴向应力不明显，取轴向应变20%处的应力作为无侧限抗压强度。

4.5.6 土的击实试验

1.试验方法及范围

土的击实试验分为轻型击实和重型击实。轻型击实试验适用于粒径小于5mm的黏性土。重型击实试验适用于粒径小于40mm的土样。

击实试验的试样制样分为干法和湿法。干法制样时取代表性风干土样20kg，风干碾碎，过5mm的筛，将筛下土拌匀，测风干含水率。根据土的塑限预估最优含水率，选5个含水率制样，这5个含水率中2个大于塑限，2个小于塑限，1个接近塑限。

湿法制样时将天然含水率的土样碾碎，过5mm筛，将筛下土拌匀，测天然含水率。根据土的塑限预估最优含水率，并选择5个含水率制样。

2.仪器设备

击实试验主要的仪器设备为标准击实仪（图4-18），包括底板、击实筒、击锤等；制样工具仪器；含水率试验仪器设备。

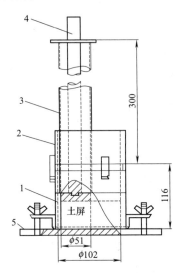

图4-18　标准击实仪示意图

1—击实筒；2—护筒；3—导筒；4—击锤；5—底板

3.试验步骤

（1）将击实筒固定在刚性底板上，装好护筒，在击实筒内壁涂一薄层润滑油，称600~800g试样倒入击实筒内，击锤应自由垂直下落。轻型击实25击，重型击实56击，完成第1层击实。

（2）轻型击实分3层，重型击实分5层，重复步骤（1）。

（3）拆去护筒，修平击实筒顶部试样，拆除底板。称量并计算试样密度和含水率。

（4）依次进行不同含水率的试验。

4.计算

按式（4-51）计算试样的干密度：

$$\rho_d = \frac{\rho}{1+w} \tag{4-51}$$

式中　ρ_d——试样的干密度，g/cm³；

　　　ρ——试样的湿密度，g/cm³；

　　　w——试样含水率，%。

5.绘图

以干密度为纵坐标，含水率为横坐标，绘制干密度与含水率的关系曲线（图4-19）。曲线上峰值点的纵横坐标分别为击实试样的最大干密度和最优含水率。当关系曲线不能绘出峰值点时，应进行补点，试验后的土样不宜重复使用。

4.5.7　思考题

1. 简要说明固结试验可以得到的土的压缩性指标，并总结试验中产生误差的因素。

2. 简述直剪试验过程中需要注意的事项以及抗剪强度的取值标准。

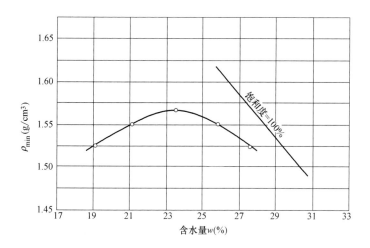

图4-19 $\rho_{\min}$-w 关系曲线

3. 三轴试验有哪几种试验方法，它们的区别是什么？

4. 与直剪试验对比，三轴试验的优缺点是什么？

5. 简述无侧限抗压强度的工程应用。

6. 无侧限抗压强度试验中，当轴向应变无峰值时，什么时候应停止试验？

7. 简述最优含水率和最大干密度的概念以及测定最优含水率的工程意义。

8. 简述轻型击实试验和重型击实试验的适用范围。

4.6 原 位 试 验

4.6.1 概述

土的原位试验，一般指的是在工程地质勘察现场，在不扰动或基本不扰动土层的情况下对土层进行测试，以获得被测土层的物理力学性质指标及划分土层的一种土工勘察技术。

土的原位测试方法很多，但可以归纳为下列两类：(1) 土层剖面测试法：可获得连续的土层剖面，具有可连续进行测试、快速、经济的优点。它主要包括静力触探、动力触探、土的压入式板状膨胀仪测试及电阻率法等；(2) 专门测试法：可得到土层中关键部位土的各种工程性质指标，其精度一般可超过钻探和室内试验成果的精度。其主要包括载荷测试、旁压测试、标准贯入测试、抽水和注水试验及十字板剪切测试等。土的专门测试法和土层剖面测试法，经常配合使用，点面结合，既可以提高勘测精度，同时又能加快勘测进度。

下面重点介绍其中几种比较常见的原位测试方法。

4.6.2 载荷试验

1.试验原理

载荷试验主要用于模拟建筑物地基的受荷条件，可以较为准确地反映地基土的应力状态和变形特征。在拟建建筑物场地挖至预计基础埋深的整平坑底放置一定面积的方形或圆形承压板，在其上逐级施加荷载，测定在各级荷载作用下地基土的沉降量，绘制压力-沉降曲线，确定地基土的承载力基本值，计算地基土的变形模量。

载荷试验可根据试验深度、承压板形状、载荷性质和用途等进行分类。根据试验深度的不同可以分为浅层和深层载荷试验；按照承压板的形状不同可分为圆形、方形、螺旋板载荷试验等；按照载荷性质又可以分为静力载荷试验和动力载荷试验；按照试验的用途还可分为一般载荷试验和桩载荷试验。

不同载荷试验方法有其不同的适用范围。其中，浅层平板载荷试验主要适用于浅层地基土；深层平板载荷试验适用于埋深大于3m和位于地下水位以上的地基土；螺旋板载荷试验适用于深层地基土或地下水位以下的地基土。以下主要介绍浅层平板载荷试验。

2.仪器设备

浅层平板载荷试验设备主要由承压板、加荷装置、沉降观测装置组成。

承压板一般为厚钢板，形状为圆形和方形，面积为0.1~0.5m²。对承压板的要求为：有足够的刚度，在加荷过程中其本身的变形要小，而且其中心和边缘不能产生弯曲和翘起。

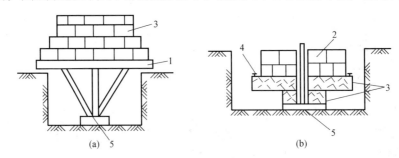

图4-20 载荷台式加压装置

（a）木质或铁质载荷台；（b）低重心载荷台

1—载荷台；2—钢锭；3—混凝土平台；4—测点；5—承压板

加荷装置可分为载荷台式和千斤顶式，如图4-20和图4-21所示。载荷台式为木质或铁质载荷台架，在载荷台上放置重物如钢块、铅块或混凝土试块等；千斤顶式为油压千斤顶加荷，用地锚提供反力。采用油压千斤顶必须注意两点：一是油压千斤顶的行程必须满足地基沉降要求；二是入土地锚的反力必须大于最大荷载，以免地锚上拔。由于载荷试验加荷较大，加荷装置必须牢固可靠、安全稳定。

沉降观测装置可用百分表、沉降传感器或水准仪等。只要满足所规定的精度要求及线形特征等条件，可任选一种来观测承压板的沉降变形。

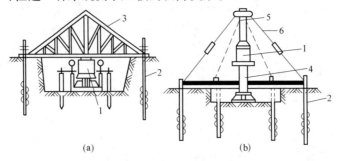

图4-21 千斤顶式加压装置

（a）钢桁架式装置；（b）拉杆式装置

1—千斤顶；2—地锚；3—桁架；4—立柱；5—分立柱；6—拉杆

3.试验步骤

（1）在确定试坑位置后，以试坑中心为对称点布置地锚。各地锚的深度要一致，一般布置在较硬地层。

（2）开挖试坑的边长或直径不应小于承压板边长或直径的3倍，开挖至试验深度。

（3）放置承压板。安装承压板前应整平试坑面，铺设不超过20cm厚的中砂垫层找平，使承压板与试验面平整接触。

（4）以承压板为中心，依次放置千斤顶、测力计、分力帽，使其中心保持在一条直线上。

（5）通过连接件将次梁安装在地锚上，以承压板为中心将主梁通过连接件安装在次梁上，形成反力系统。

（6）搭设支撑柱，安装测量横杆，固定百分表或位移传感器，形成完整的沉降测量系统。

（7）进行加荷操作，加荷等级一般分为10~12级，一般不小于8级，最大加荷量不应小于地基承载力设计值的2倍。

（8）每级荷重下必须保持稳压，由于地基沉降、设备变形等原因，会导致荷重的降低，因此必须及时观察测力计百分表的变动，并通过千斤顶不断补压，以保持荷重稳定。

（9）按时准确观测沉降量。对于慢速法，每级荷载施加后，间隔5min、5min、10min、10min、15min、15min测读一次沉降，以后每隔30min测量一次，当连续2小时每小时沉降量不大于0.1mm时，可以认为沉降达到相对稳定，可继续施加下一级荷载。

（10）试验宜进行到试验土层达到破坏阶段终止。当出现下列情况之一时，即可终止试验，前三种情况所对应的前一级荷载即为极限荷载：

① 承压板周围土出现明显侧向挤出，周边土体出现明显隆起和裂缝；

② 本级荷载沉降量大于前级荷载沉降量的5倍，荷载-沉降（*p-s*）曲线出现明显陡降段；

③ 在本级荷载下，持续24h沉降速率不能达到相对稳定值；

④ 总沉降量超过承压板直径或宽度的6%；

⑤ 当达不到极限载荷时，最大压力应达预期设计压力的2倍或超过第一拐点至少三级荷载。

4.计算

（1）绘制*p-s*曲线，典型的*p-s*曲线如图4-22所示。如果*p-s*曲线的直线段延长后不经过（0，0）点，应采用图解法或最小二乘法进行修正。

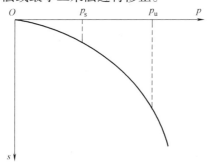

图4-22　典型*p-s*曲线

（2）计算变形模量E_0。

土的变形模量是指土在单轴受力，无侧限情况下的应力与应变之比，其值可由荷载试验*p-s*曲线的直线变形段，按弹性理论公式求得，仅适用于土层属于同一层位的均匀地基。

浅层平板载荷试验的变形模量可按下式进行计算：

$$E_0 = 0.785(1-\mu^2)D_c\frac{p}{s} \quad (\text{承压板为圆形}) \tag{4-52}$$

$$E_0 = 0.886(1-\mu^2)a_c\frac{p}{s} \quad (\text{承压板为方形}) \tag{4-53}$$

式中　E_0——试验土层的变形模量，kPa；

μ——土的泊松比（碎石取 0.27，砂土取 0.30，粉土取 0.35，粉质黏土取 0.38，黏土取 0.42）；

D_c——承压板的直径，cm；

p——单位压力，kPa；

s——对于施加压力的沉降量，cm；

a_c——承压板的边长，cm。

4.6.3　静力触探试验

1.试验原理

静力触探是以垂直静压力将带有圆锥形金属探头的探杆压入地层中，用电测仪器测定地层对探头的阻值，以阻值沿深度的变化曲线，确定地层的软硬程度和力学参数。该方法又称为荷兰贯入试验。

静力触探主要用于测定细颗粒土层的锥尖阻力 q_c 和侧摩阻力 f_s，已广泛应用于确定浅基承载力、桩基承载力和检验地基加固效果、土质滑坡滑动面、饱和砂土液化等。静力触探仪类型多样，其主要设备包括探头、压力装置、反力装置和测试仪器四大部件。国内静力触探陆地贯入深度已达 70m，水上触探贯入达 45m，在细颗粒土层中可部分取代传统和繁重的钻探工作量。孔压静力触探试验只适用于饱和土（包括黏性土、粉土及砂土）。

2.仪器设备

静力触探设备根据量测方式，分为机械式和电测式两类，机械式采用压力表测量贯入阻力，电测式采用传感器电子测试仪表测量贯入阻力。现在一般采用电测式静力触探，故本节重点介绍电测式静力触探。

（1）触探主机：触探主机借助探杆将装在其底端的探头匀速压入土中，其额定贯入力和贯入速度应满足现行国家标准《岩土工程仪器基本参数及通用技术条件》GB/T15406 的规定。按其传动方式的不同，可分为机械式和液压式。

（2）反力装置：反力装置提供主机在贯入探头过程中所需反力，可用地锚、压重、车辆自重提供所需反力。

（3）探头：静力触探探头为地层阻力传感器，是静力触探仪的关键部件。它包括摩擦筒和锥头两部分，有严格的规格与质量要求。目前，国内外使用的探头可分为两种类型：单桥探头、双桥探头，如图4-23所示。

（4）探杆：探杆应符合现行国家标准《岩土工程仪器基本参数及通用技术条件》GB/T 15406—2007 的规定，应有足够的强度，采用高强度无缝管材制作，其屈服强度不宜小于 600MPa。探杆与接头的连接要有良好的互换性。每根探杆的长度一般为1m，其直径应和探头直径相同；但单用探头探杆直径应比探头直径小。

（5）量测仪器：常用的测量与记录显示装置有数字式电阻应变仪、电子电位差自动记录仪和微电脑数据采集仪三种，分别如下：

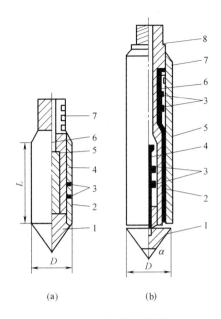

图 4-23　探头结构图

(a) 单桥探头；(b) 双桥探头

1—锥头；2—顶柱；3—电阻应变片；4—传感器；5—外套筒；6—单用探头的探头管或双用探头侧壁传感器；7—单用
探头的探杆接头或双用探头的摩擦筒；8—探杆接头；L—单用探头有效侧壁长度；D—锥头直径；$α$—锥角

① 电阻应变仪大多为 YJ 系列，通过电桥平衡原理进行测量。探头工作时，传感器发生变形，引起电阻应变片的电阻值变化，桥路平衡发生变化。电阻应变仪通过手动调整电桥，使之达到新平衡，确定应变量大小，并从读数盘上读取应变值。

② 自动记录仪由电子电位差计改装而成。由探头输入的信号，到达测量电桥后产生一个不平衡电压，电压信号放大后，推动可逆电机转动，后者带动与其相连的指示机构，沿着有分度按信号大小比例刻制的标尺滑行，直接绘制被测信号的数值曲线。

③ 微电脑数据采集仪，是采用模数转换技术，将被测信号模拟量的变化在测试过程中直接转换成数值打印出来，同时在检测显示屏上，将这些参数随深度变化的曲线也显示出来。所有记录数据储存在磁盘中，并可传输给电脑，以做进一步数据处理。

3.试验步骤

（1）平整试验场地，设置反力装置。将触探主机对准孔位，调平机座，用分度值为 1mm 的水准尺校准，并紧固在反力装置上。

（2）将已穿入探杆内的传感器引线按要求接到量测仪器上，打开电源开关，预热并调试到正常工作状态。

（3）贯入前应试压探头，检查各部件是否正常工作。正常后将连接探头的探杆插入导向器内，调整垂直并紧固导向装置，必须保证探头垂直贯入土中。启动动力设备并调整到正常工作状态。

（4）采用自动记录仪，应安装深度转换装置，并检查卷纸机构运转是否正常；采用电阻应变仪或数字测力仪时，应设置深度标尺。

（5）将探头按 1.2±0.3m/min 的速度匀速贯入土中 0.5 ~ 1m，然后提升 5 ~ 10cm，使探头传感器处于不受力状态。待探头温度与土体温度平衡后（仪器零位基本稳定），将仪器调零或记录初读数，即可进行正常贯入。在深度6m内，一般每贯入1~2m，应提升探头检查温度漂移量并调零；6m以下每贯入5~10m应提升探头检查回零情况。当出现异常时，应检查原因并及时处理。

（6）贯入过程中，当采用自动记录时，应根据贯入阻力大小合理选用供桥电压，并随时核对，校正深度记录误差，做好记录；使用电阻应变仪或数字测力计时，一般每隔0.1~0.2m记录1次读数。

（7）当贯入预定深度或出现下列情况之一时，应停止贯入：

① 触探主机达到额定贯入力，探头阻力达到最大容许压力；

② 反力装置失效；

③ 发现探杆弯曲已达到不能容许的程度。

（8）试验结束后应及时起拔探杆，并记录仪器的回零情况。探头拔出后应立即清洗上油，妥善保管，防止探头被暴晒或受冻。

4. 计算

$$p_s = k_p \varepsilon_p \tag{4-54}$$

$$q_c = k_q \varepsilon_q \tag{4-55}$$

$$f_s = k_f \varepsilon_f \tag{4-56}$$

$$\mu = k_\mu \varepsilon_\mu \tag{4-57}$$

$$F_m = \frac{f_s}{q_c} \tag{4-58}$$

式中　　　　　p_s——比贯入阻力，kPa；

q_c——锥头阻力，kPa；

f_s——侧壁摩阻力，kPa；

μ——孔隙水压力，kPa；

F_m——摩阻比；

k_p、k_q、k_f、k_μ——分别为p_s、q_s、f_s、μ对应的率定系数（kPa/$\mu\varepsilon$或kPa/mV）；

ε_p、ε_q、ε_f、ε_μ——分别为单桥探头、双桥探头、摩擦筒及孔压探头传感器的应变量或输出电压（$\mu\varepsilon$或mV）。

4.6.4　十字板剪切试验

1. 试验原理

在野外进行土的原位抗剪强度试验，主要采用十字板剪切试验、大型直剪试验、水平推剪试验等。十字板剪切试验是将具有一定高直径比的十字板头插入土层中，通过钻杆对十字板头施加扭矩，根据土的抵抗扭损的最大力矩，计算十字板抗剪强度τ_f。十字板剪切试验适用于内摩擦角φ近似为0°的饱和软黏土，特别适用于难于取样或试样在自重下不能保持形状的软黏土。

2. 仪器设备

试验的主要设备为十字板剪力仪，由十字板头、传力系统和施力装置、测力装置等组成。当对插入土中的矩形十字板头施加扭转力矩时，土体内将形成一个圆柱形剪切破坏面；假设该圆柱侧表面及上下面上各点的抗剪强度相等，则旋转过程中，土体产生的圆柱侧表面的抵抗力矩M_1和圆柱上下面的抵抗力矩M_2相等。

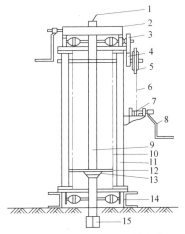

图4-24　电测式十字板剪切仪

1—电缆；2—施加扭力装置；3—大齿轮；4—小齿轮；5—大链条；6、10—链条；7—小链条；8—摇把；9—探杆；
11—支架立杆；12—山形板；13—垫压板；14—槽钢；15—十字板头

目前我国使用的十字板有机械式和电测式两种。机械十字板每作一次剪切试验要清孔，费工费时、工效较低。机械式十字板力的传递和计量均依靠机械的能力，需配备钻孔设备，成孔后下放十字板进行试验。电测十字板克服了机械式十字板的缺点，工效高，测试精度较高。电测式十字板是用传感器将土抗剪破坏时力矩大小转变成电信号，并用仪器量测出来，常用的电测式十字板为轻便式十字板，静力触探两用，不用钻孔设备。试验时直接将十字板头以静力压入土层中，测试完后，再将十字板压入下一层继续试验，实现连续贯入，比机械式十字板测试效率提高5倍以上，如图4-24所示。

试验仪器主要由下列四部分组成：

（1）测力装置：开口钢环式测力装置。

（2）十字板头：多采用矩形十字板头，直径与高度比为1：2。板厚宜为2～3mm。常用的规格有50mm×100mm和75mm×150mm两种。前者适用于稍硬黏性土。

（3）轴杆：一般使用的轴杆直径为20mm。

（4）设备：主要有钻机、秒表及百分表等。

3.试验步骤

十字板剪切试验按力的传递方式分为电测式和机械式两类，本节主要介绍电测式十字板剪切试验方法，试验步骤如下：

（1）在试验点两侧将地锚旋入土中，安装和固定压入主机。用分度值为1mm的水平尺校平，并安装好施加扭力的装置。

（2）将十字板头接在扭力传感器上并拧紧。把穿好电缆的钻杆插入扭力装置的钻杆夹具孔内，将传感器的电缆插头与穿过钻杆的电缆插座连接并进行防水处理。接通量测仪表，然后拧紧钻杆。钻杆应平直，接头要拧紧。宜在十字板以上1m的钻杆接头处加扩孔器。

（3）将十字板头压入土中预定的试验深度后，调整机架使钻杆位于机架面板导孔中心。当试验深度处为较硬夹层时，应穿过夹层进行试验。

（4）十字板头压入试验深度后，静止2～3min方可开始试验。

（5）拧紧扭力装置上的钻杆夹具，并将量测仪表调零或读取初始读数。

（6）顺时针方向转动扭力装置的手摇柄，当量测仪表读数开始增大时，即开动秒表，以1°/10s～2°/10s的速率旋转钻杆。每转1°测记读数一次，当读数出现峰值或稳定值后，再继续旋转测记1min。峰值或稳定值为原状土剪切破坏时的读数。

（7）在峰值或稳定值测试完成后，按顺时针方向旋转6圈，使十字板头周围的土充分扰动后，按步骤（6）测定重塑土的不排水抗剪强度。

（8）如需继续进行试验，可松开钻杆夹具，将十字板头压至下一个试验深度，按上述步骤继续进行试验。

（9）全孔试验完毕后，逐节提取钻杆和十字板头，清洗干净，检查各部件完好程度。

（10）试验时应避免十字板头被暴晒或受冻，对开口钢环十字板剪切仪，应修正轴杆与土间的摩阻力影响。

（11）在工程试验前和结束后，应对十字板头的扭力传感器进行标定，每次标定的使用时效一般以1～3个月，在使用过程中出现异常应重新标定，标定时所用的传感器、导线和测量仪器与试验时必须相同。

（12）在水上进行十字板试验，当孔底土质松软时，为防止套管在试验过程中下沉，应采用套管控制器。

4. 计算

（1）电测式十字板剪切试验，各试验点土体的十字板剪切强度 C_u、C'_u 应按式（4-59）～式（4-61）计算：

$$C_u = 10K'_1 \xi R_y \tag{4-59}$$

$$C'_u = 10K'_1 \xi R_e \tag{4-60}$$

$$K'_1 = \frac{2}{\pi D^2 H \left(1 + \dfrac{D}{3H}\right)} \tag{4-61}$$

式中 C_u——原状土不排水抗剪强度，kPa；

        C'_u——重塑土不排水抗剪强度，kPa；

        K'_1——与十字板头有关的常数，cm^{-3}；

        ξ——传感器率定系数，$N\cdot(cm/\mu\varepsilon)$；

        R_y——原状土剪切破坏时的读数，$\mu\varepsilon$；

        R_e——重塑土剪切破坏时的读数，$\mu\varepsilon$；

        D——十字板头直径，cm；

        H——十字板头高度，cm。

（2）以深度为纵坐标，抗剪强度为横坐标，绘制抗剪强度 C_u 值随深度变化曲线。必要时以抗剪强度为纵坐标，转动角为横坐标，绘制各试验点的抗剪强度与转动角的关系曲线。

4.6.5 圆锥动力触探试验

1. 试验原理

圆锥动力触探试验是利用一定的锤击动能，将一定规格的圆锥探头打入土中，根据打入土中的难易程度来判别土层的工程性质的一种方法。贯入度的大小能反映土层力学特性的差异，依据此数值对地基土作出工程地质评价。动力触探试验使用历史较长，优点是设备简单，操作方便，适用土类较广，对难以取样的砂土、粉土、碎石类土都可使用。目前该方法已成为我国粗颗粒土的地基勘察测试的主要手段。

动力触探测试方法可以归为两大类，即标准贯入测试和圆锥动力触探测试。将探头换为标准贯入器，则称标准贯入测试。根据所用穿心锤的重量将圆锥动力触探试验分为轻型、重型及超重型。一般将圆锥动力触探测试简称为动力触探或动探，将标准贯入测试简称为标贯。穿心锤的锤重动能大，可击穿硬土；锤小动能小，可击穿软土，又能得到一定锤击数，使测试精度提高。轻型动力触探适用于一般黏性土及素填土，特别适用于软土；重型动力触探适用于砂土及砾砂土；超重型动力触探适用于卵石、砾石类土。

2.仪器设备

动力触探设备主要包括落锤、探头、触探杆（包括锤座和导向杆）。动力触探分为轻型、重型、超重型，触探设备的重量相差悬殊，但其仪器设备大致相同，如图4-25所示，规格见表4-10。

动力触探设备规格　　　　　　　　　　　表4-10

设备类型		轻型	重型	超重型
落锤	质量(kg)	10±0.2	63.5±0.5	120±1
	落距(cm)	0.50±0.02	0.76±0.02	100±0.02
探头	直径(mm)	40	74	74
	锥角(°)	60	60	60
探杆直径		25	42,50	50~63
指标		贯入30cm读数 N_{10}	贯入10cm读数 $N_{63.5}$	贯入10cm读数 N_{120}

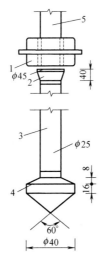

图4-25　动力触探设备
1—穿心锤；2—钢砧与钢垫；3—触探杆；4—圆锥探头；5—导向杆

3.试验步骤

动力触探试验步骤根据触探设备的不同而有所不同，目前应用较多的是轻型和重型动力触探，具体如下：

（1）轻型动力触探

① 先用轻便钻具钻至试验土层标高以上 0.3m 处，将探头和探杆放入孔内，保持探杆垂直，就位后对试验土层连续进行触探。

② 试验时，穿心锤落距为 0.50±0.02m，使其自由下落，记录每打入土层 0.3m 时所需的锤击数，最初 0.3m 可以不记，然后连续向下贯入，记录下一深度的锤击数，重复试验到预定的试验深度。

③ 若需描述土层情况时，可将触探杆拔出，取下探头，换贯入器取样。

④ 如遇密实坚硬土层，当贯入 0.3m 所需锤击数超过 100 击或贯入 0.15m 超过 50 击，即可停止试验；如需对下卧土层进行试验时，可用钻具穿透坚实土层后再贯入。

⑤ 本试验一般用于贯入深度小于 4m 的土层。必要时也可在贯入 4m 后用钻具将孔掏清后再继续贯入 2m。

（2）重型动力触探

① 试验前将触探架安装平稳，使触探保持垂直地进行，触探杆应保持平直，连接牢固。

② 贯入时，应使穿心锤自由下落，落锤落距为 0.76±0.02m。地面上的触探杆不宜过高，以免倾斜与摆动太大。

③ 贯入过程应连续进行，所有超过 5min 的间断都应在记录中予以注明。

④ 及时记录每贯入 0.10m 所需的锤击数。其方法为在触探杆上每隔 0.10m 画出标记，记录锤击数；也可以记录每一阵击的贯入度，然后再换算为每贯入 0.10m 所需要的锤击数。

⑤ 对于一般砂、圆砾和卵石，触探深度不宜超过 12 ~ 15m，超过该深度时，应考虑触探杆的侧壁摩阻影响。

⑥ 每贯入 0.10m 所需锤击数连续 3 次超过 50 击时，即停止试验。当需对土层继续进行试验时，应改用超重型动力触探。

⑦ 本试验也可在钻孔中分段进行。可先进行贯入，然后钻探直至动力触探所及深度以上 1m 处，取出钻具将触探器放入孔内再进行贯入。

⑧ 本试验适用于贯入深度小于 12 ~ 15m 的情况，当超过 15m 时，需考虑探杆侧壁摩阻的影响。

4.计算

（1）触探指标应按式（4-63）计算：

$$N_{63.5} = \frac{100N_0}{\Delta s}$$ （4-62）

式中　$N_{63.5}$——每贯入 0.10m 所需的锤击数，超重型动力触探为 N_{120}；

　　　N_0——相应的一阵击锤击数；

　　　Δs——一阵击的贯入度，mm。

（2）动贯入阻力按式（4-63）计算：

$$q_d = \frac{Q_{lc}^2}{(Q_{lc} + Q_{ct})} \cdot \frac{H_1 N_0}{A_t \Delta s} \times 1000$$ （4-63）

式中　q_d——动贯入阻力，kPa；

　　　Q_{lc}——落锤重，kN；

　　　Q_{ct}——触探器被打入部分的重量，kN；

　　　H_1——落距，m；

A_t——探头面积，m^2。

（3）动力触探曲线的绘制

① 计算单孔分层贯入指标平均值时，应剔除超前和滞后影响范围内及个别指标的异常值；

② 以深度为纵坐标，贯入指标为横坐标，绘制贯入指标与触探深度曲线。

4.6.6 思考题

1. 原位试验的定义是什么？简述其与室内试验的关系。
2. 简述各种原位试验的适用范围及各自的优缺点。
3. 简述原位测试技术的发展状况和发展前景。

4.7 土工综合试验

4.7.1 目的及要求

土工综合试验的目的，主要是采用标准击实方法，测定土的密度与含水率的关系，从而确定土的最大干密度与相应的最优含水率。同时对每组击实试样进行无侧限抗压强度试验，从而探讨密度和含水率对土的无侧限抗压强度的影响。

结合击实试验、无侧限抗压强度试验，以及前面基础试验中的密度及含水率试验等，了解利用多种试验组合设计的方法，掌握地基基础处理过程中在进行回填、换填、夯实等工程实际应用时，可能遇到的优化设计处理方案问题，为今后继续深入学习和工作奠定基础。

4.7.2 主要仪器设备

仪器设备主要包括标准击实仪、应变控制式无侧限压力仪，其他仪器设备有：量表、切土盘、重塑筒、天平、削土刀、钢丝锯、秒表、铜垫板、卡尺等。

4.7.3 操作步骤

土工综合试验的具体实施步骤如下：

（1）击实试验试样制备：击实试验的试样制备分为干法和湿法。本次试验采用干法制样。干法制样需取代表性风干土样20kg，风干碾碎，过5mm的筛，将筛下土拌匀，测风干含水率。根据土的塑限预估最优含水率，制备5组不同含水率的试样，相邻两个含水率的差值宜为2%，这5个含水率中2个大于塑限，2个小于塑限，1个接近塑限。

（2）将击实筒固定在刚性底板上，装好护筒，在击实筒内壁涂一薄层润滑油，称试样600~800g倒入击实筒内，击锤应自由铅直下落。轻型击实25击，重型击实56击，完成第1层击实。

（3）轻型击实分3层，重型击实分5层，重复步骤（2）。

（4）拆去护筒，修平击实筒顶部试样，拆除底板。称量击实筒与试样总质量并计算试样密度，用推土器将试样推出进行无侧限抗压强度试验，试验步骤见（6）~（10），同时用削下余土测量该组击实试样含水率。

（5）依次进行不同含水率的试验。

（6）将击实试样用削土刀、钢丝锯等工具切削成圆柱状试样。试样直径为3.5~4.0cm，试样高度与直径之比为2~2.5。

（7）试样两端抹一薄层凡士林，气候干燥时，试样侧面亦需抹一薄层凡士林，防止水分蒸发。

（8）将试样放在底座上，试样与加压板刚好接触，根据土的软硬程度选用不同量程的测力计，将测力计读数调至零。

（9）轴向应变速率宜为每分钟2%~3%，试验宜在8~10min内完成。

（10）当测力计读数出现峰值时，继续加载，直至应变增加3%~5%后停止试验；当读数无峰值时，试验应进行到应变达20%。试验结束，取下试样，描述试样破坏后的形状。

4.7.4 思考题

1. 简要说明土的强度与干密度的关系。

2. 结合所做试验，简述土的强度与含水率的关系。

3. 简要说明如何增加地基土的干密度。

第5章 砂浆配合比设计（综合试验）

砌筑砂浆是指将砖、石、砌块等块材经砌筑成为砌体，起黏结、衬垫和传力作用的砂浆，由胶凝材料、细集料、掺合料和水等材料按适当比例配制而成。砌筑砂浆在砌体结构中起黏结砖、石及砌块构成砌体，以及传递荷载、协调变形的作用。因此，砌筑砂浆是砌体的重要组成部分，如何对其配合比进行设计，以达到性能最优、经济性最好的要求，就显得尤为重要。

5.1 配制材料及要求

1.水泥

水泥宜采用通用硅酸盐水泥或砌筑水泥，且应符合现行国家相关标准的规定。水泥强度等级应根据砂浆品种及强度等级的要求进行选择，若水泥强度等级过高，将使砂浆中水泥用量不足而导致保水性不良。其中，M15及以下强度等级的砌筑砂浆宜选用32.5级的通用硅酸盐水泥或砌筑水泥；M15以上强度等级的砌筑砂浆宜选用42.5级通用硅酸盐水泥。此外，现在有专供砌筑砂浆的砌筑水泥，它是以活性混合材料为主要原料，加入少量的硅酸盐水泥熟料和石膏，经磨细而成的低强度等级水泥。

2.砂

砂在砂浆中起着骨架和填充作用，对砂浆的流动性、黏聚性和强度等级等技术性能影响较大。性能良好的砂可提高砂浆的工作性能和强度，对砂浆的收缩开裂具有较好的抑制作用。在砌筑砂浆配制中，砂宜选用中砂，并应符合现行相关标准的规定，且应全部通过4.75mm的筛孔。

3.石灰膏

在配制石灰砂浆或混合砂浆时，砂浆中需使用石灰。生石灰熟化成石灰膏时，应用孔径不大于3mm×3mm的网过滤，熟化时间不得少于7d；磨细生石灰粉的熟化时间不得少于2d。沉淀池中储存的石灰膏，应采取防止干燥、冻结和污染的措施。严禁使用脱水硬化的石灰膏。若使用电石膏，则制作电石膏的电石渣需应用孔径不大于3mm×3mm的网过滤，检验时应加热至70℃后至少保持20min，并应待乙炔挥发完后再使用。石灰膏、电石膏试配时的稠度，应为120±5mm。

4.掺合料和外加剂

在砂浆中，掺合料是为改善砂浆和易性而加入的无机材料，如粉煤灰、矿渣粉、沸石粉等。掺合料在使用中应符合国家现行相关标准规定，并在使用前进行试验验证。为改善砂浆的和易性及其他性能，还可在砂浆中掺入外加剂，如增塑剂、早强剂、减水剂等。砂浆中掺用外加剂时，不仅要考虑外加剂对砂浆本身性能的影响，还要考虑外加剂对砂浆使用功能的影响，并通过试验确定外加剂的品种和掺量，且应符合国家现行相关标准规定。

5.拌合水

砂浆拌合用水的技术要求与混凝土拌合用水相同，所选用水应符合现行标准《混凝土用水标准》JGJ 63—2006的规定。

5.2 配合比设计性能要求

在配制过程中，要求砌筑砂浆具有以下性质。

1.和易性

新拌砂浆应具有良好的和易性。新拌砂浆应容易在砖、石及砌体表面上铺砌成均匀的薄层，以利于砌筑施工和砌筑材料的黏结。其和易性包括两个方面：流动性和保水性。

（1）流动性

砂浆的流动性是指新拌砂浆在自重或外力的作用下产生流动的性质，一般用稠度来表示。砂浆的流动性和许多因素有关，如胶凝材料的用量、用水量、砂的质量以及砂浆的搅拌时间、放置时间、环境的温度、湿度等。砌筑砂浆的稠度选择见表5-1。

砌筑砂浆的施工稠度 表5-1

砌体种类	施工稠度(mm)
烧结普通砖砌体	70~90
混凝土砖砌体、普通混凝土小型空心砌块砌体、灰砂砖砌体	50~70
烧结多孔砖砌体、烧结空心砖砌体、轻集料混凝土小型空心砌块砌体、蒸压加气混凝土砌块砌体	60~80
石砌体	30~50

（2）保水性

保水性是指新拌砂浆保持其内部水分的能力。保水性不好的砂浆在存放、运输和施工过程中容易产生泌水和离析现象，造成施工困难，同时影响砂浆的强度和黏结力。砂浆的保水性通过砂浆的保水率和分层度表示。砌筑砂浆保水率要求见表5-2。

砌筑砂浆的保水率（%） 表5-2

砂浆种类	保水率
水泥砂浆	≥80
水泥混合砂浆	≥84
预拌砌筑砂浆	≥88

2.强度

硬化后的砂浆将砖、石等块状材料黏结成整体，并在砌体中起传递荷载和协调变形的作用，因此，砂浆应具有一定的强度和黏结性。一定的强度可保证砌体强度等结构性能，良好的黏结力有利于砌块和砂浆之间的黏结。一般情况下，砂浆抗压强度越高，其黏结力也越强，故工程上以砂浆的抗压强度作为其主要技术指标。水泥砂浆及预拌砌筑砂浆的强度等级可分为M5、M7.5、M10、M15、M20、M25、M30；水泥混合砂浆的强度等级可分为M5、M7.5、M10、M15。

3.表观密度

砌筑砂浆配制中，对其表观密度有一定要求。砂浆的表观密度宜符合表5-3的规定。

砂浆种类	表观密度
水泥砂浆	≥1900
水泥混合砂浆	≥1800
预拌砌筑砂浆	≥1800

4. 抗冻性

当受冻融作用影响时，对砂浆应有抗冻性要求。砌筑砂浆进行冻融试验后，其质量损失率不得大于 5%，抗压强度损失率不得大于 25%，且根据不同施工地区的气候条件，应选用相应的抗冻指标。

5. 试配搅拌方式

砌筑砂浆试配时应采用机械搅拌。搅拌时间自开始加水计算，且对于水泥砂浆和水泥混合砂浆，搅拌时间不得少于 120s；对于预拌砌筑砂浆和掺有掺合料或外加剂的砂浆，搅拌时间不得少于 180s。

5.3 配合比设计步骤

砌筑砂浆的配合比设计，应根据原材料的性能和砂浆的技术要求及施工水平进行计算并经试配调整确定。

首先根据工程类型和砌筑部位确定砂浆的品种和强度等级，再按其品种和强度等级确定其配合比。砌筑砂浆配合比的设计，可通过查阅资料、规范手册或计算两种方法确定。其中，配合比的计算应按以下步骤进行：

（1）计算砂浆试配强度（$f_{m,0}$）；

（2）计算每立方米砂浆中的水泥用量（Q_c）；

（3）计算每立方米砂浆中石灰膏用量（Q_D）；

（4）计算每立方米砂浆中的砂用量（Q_s）；

（5）按砂浆稠度确定每立方米砂浆用水量（Q_w）。

1. 砂浆类型和强度等级的选择

建筑常用的砂浆有水泥砂浆、水泥混合砂浆和石灰砂浆等，工程中应根据砌体种类、砌体性质及所处环境条件等进行选用。通常水泥砂浆用于砖基础、片石基础、一般地下构筑物、钢筋砖过梁、水塔、烟囱等；水泥混合砂浆用于地面以上的砖石砌体；石灰砂浆用于平房或临时性建筑。

砌筑砂浆的强度等级应根据设计要求或规范规定确定，一般砖混多层住宅采用 M5 或 M10 的砂浆；办公楼、教学楼常采用 M2.5~M10 的砂浆；高层混凝土空心砌块建筑，应采用 M20 及以上强度等级的砂浆。

2. 砂浆配合比设计

（1）砂浆试配强度确定

砂浆试配强度应按式（5-1）计算：

$$f_{m,0} = kf_2 \qquad (5-1)$$

式中 $f_{m,0}$——砂浆的试配强度，MPa（应精确至0.1MPa）；

f_2——砂浆强度等级值，MPa（应精确至0.1MPa）；

k——系数，按表5-4取值。

砂浆强度标准差及k值取值　　　　　　　　　　　　表5-4

施工水平＼强度等级	强度标准差 σ（MPa）							k
	M5	M7.5	M10	M15	M20	M25	M30	
优良	1.00	1.50	2.00	3.00	4.00	5.00	6.00	1.15
一般	1.25	1.88	2.50	3.75	5.00	6.25	7.50	1.20
较差	1.50	2.25	3.00	4.50	6.00	7.50	9.00	1.25

（2）水泥用量计算

1）每立方米砂浆中的水泥用量，应按式（5-2）计算：

$$Q_c = 1000(f_{m,0} - \beta)/(\alpha \cdot f_{ce}) \qquad (5-2)$$

式中 Q_c——每立方米砂浆的水泥用量，kg（应精确至1kg）；

f_{ce}——水泥的实测强度，MPa（应精确至0.1MPa）；

α、β——砂浆的特征系数，其中α取3.03，β取−15.09。

2）在无法取得水泥的实测强度值时，可按式（5-3）计算：

$$f_{ce} = \gamma_c \cdot f_{ce,k} \qquad (5-3)$$

式中 $f_{ce,k}$——水泥强度等级值，MPa；

γ_c——水泥强度等级值的富余系数，宜按实际统计资料确定，无统计资料时可取1.0。

（3）石灰膏用量计算

石灰膏用量应按式（5-4）计算：

$$Q_D = Q_A - Q_c \qquad (5-4)$$

式中 Q_D——每立方米砂浆的石灰膏用量，kg（应精确至1kg）；石灰膏使用时的稠度宜为120±5mm；

Q_c——每立方米砂浆的水泥用量，kg（应精确至1kg）；

Q_A——每立方米砂浆中水泥和石灰膏总量，kg（应精确至1kg），可为350kg。

（4）用砂量计算

每立方米砂浆中的砂用量，应将干燥状态砂（含水率小于0.5%）的堆积密度值作为计算值（kg）。

（5）用水量计算

每立方米砂浆中的用水量，可根据砂浆稠度等要求选用210~310kg。

（6）查表选用配合比

除了计算方式，也可参照国内外施工经验，直接查表5-5选用水泥砂浆的材料用量。

每立方米水泥砂浆材料用量（kg/m³）　　　　　　　　　　　表 5-5

强度等级	水泥	砂	用水量
M5	200~230		
M7.5	230~260		
M10	260~290		
M15	290~330	砂的堆积密度值	270~330
M20	340~400		
M25	360~410		
M30	430~480		

注：1.M15 及以下强度等级水泥砂浆，水泥强度等级为 32.5 级；M15 以上强度等级水泥砂浆，水泥强度等级为 42.5 级；

2.当采用细砂或粗砂时，用水量分别取上限或下限；

3.稠度小于 70mm 时，用水量可小于下限；

4.施工现场气候炎热或干燥季节，可酌量增加用水量。

3.砌筑砂浆配合比试配、调整与确定

（1）按计算或查表所得配合比进行试拌时，应按现行行业标准测定砌筑砂浆拌合物的稠度和保水率。当稠度和保水率不能满足要求时，应调整材料用量，直到符合要求为止，然后确定为试配时的砂浆基准配合比。

（2）试配时至少应采用三个不同的配合比，其中一个配合比应为试配得出的基准配合比，其余两个配合比的水泥用量应按基准配合比分别增加及减少 10%。在保证稠度、保水率合格的条件下，可将用水量、石灰膏、保水增稠材料或粉煤灰等活性掺合料用量作相应调整。

（3）砌筑砂浆试配时稠度应满足施工要求，并应按现行行业标准分别测定不同配合比砂浆的表观密度及强度，选定符合试配强度及和易性要求、水泥用量最低的配合比作为砂浆的试配配合比。

（4）此外，砌筑砂浆试配配合比还应按下列步骤进行校正：

1）应根据已确定的砂浆配合比材料用量，按式（5-5）计算砂浆的理论表观密度值：

$$\rho_t = Q_c + Q_D + Q_s + Q_w \tag{5-5}$$

式中　ρ_t——砂浆的理论表观密度值，kg/m³（应精确至 10kg/m³）。

2）按式（5-6）计算砂浆配合比校正系数 δ：

$$\delta = \rho_c / \rho_t \tag{5-6}$$

式中　ρ_c——砂浆的实测表观密度值，kg/m³（应精确至 10kg/m³）。

3）当砂浆的实测表观密度值与理论表观密度值之差的绝对值不超过理论值的 2% 时，可将得出的试配配合比确定为砂浆设计配合比；当超过 2% 时，应将试配配合比中每项材料用量均乘以校正系数 δ 后，确定为砂浆设计配合比。

5.4　思　考　题

1. 什么是砌筑砂浆？砌筑砂浆一般包括哪些种类？

2. 在进行砂浆配合比设计时，主要对砂浆的哪些性能指标提出要求？其作用和意义是什么？

3. 试简述砌筑砂浆配合比试配时的操作步骤和注意要点。

第6章 实验数据分析及处理

试验中测得的原始数据往往并不是最终结果，只有将其统计归纳、排除错误、分析整理，才能得出精确合理的试验结果，从而达到预期的试验目的。

6.1 误差及误差分类

1. 误差

物理量在客观上有着确定的数值，称为真值。测量的最终目的都是要获得物理量的真值。但由于测量仪器精度的局限性、测量方法或理论公式的不完善性和试验条件的不理想、测量人员不熟练等原因，使得测量结果与客观真值有一定的差异，这种差异称为误差。若某物理量测量的量值为 x，真值为 A，则产生的误差 Δx 为：

$$\Delta x = x - A \tag{6-1}$$

任何测量都不可避免地存在误差。在误差必然存在的条件下，物理量的真值是不可知的。所以在实际测量中计算误差时，通常所说的真值有如下几种类型：

（1）理论真值或定义真值。

（2）计量约定真值。

（3）标准器相对真值（或实际值）。用比被标定过的仪器高一级的标准器的量值作为标准器相对真值。

2. 误差分类

根据误差的性质和产生的原因，一般将误差分为三类。

（1）系统误差。系统误差是指在测量和试验中未发觉或未确认的因素所引起的误差，而这些因素影响结果永远朝一个方向偏移，其大小及符号在同一组试验测定中完全相同，当试验条件一经确定，系统误差就获得一个客观上的恒定值。

当改变试验条件时，就能发现系统误差的变化规律。

系统误差产生的原因包括：测量仪器不良，如刻度不准，仪表零点未校正或标准表本身存在偏差等；周围环境的改变，如温度、压力、湿度等偏离校准值；试验人员的习惯和偏向，如读数偏高或偏低等引起的误差。针对仪器的缺点、外界条件变化影响的大小、个人的偏向，在分别加以校正后，系统误差是可以清除的。

（2）偶然误差。在已消除系统误差的一切量值的观测中，所测数据仍在末一位或末两位数字上有差别，而且它们的绝对值和符号的变化，时大时小，时正时负，没有确定的规律，这类误差称为偶然误差或随机误差。偶然误差产生的原因不明，因而无法控制和补偿。但是，倘若对某一量值作足够多次的等精度测量后，就会发现偶然误差完全服从统计规律，误差的大小或正负的出现完全由概率决定。因此，随着测量次数的增加，偶然误差的算术平均值趋近于零，所以多次测量结果的算数平均值将更接近于真值。

（3）过失误差。过失误差是一种显然与事实不符的误差，它往往是由于试验人员粗心大意、过度疲劳或操作不正确等原因引起的。此类误差无规则可寻，只要加强责任感、多加警惕、细心操作，过失误差是可以避免的。

6.2 误差计算

1.误差的正态分布

实践和理论证明，如果测量次数足够多的话，大部分测量的随机误差都服从一定的统计规律。遵从正态分布的随机误差有以下几点特征：

（1）单峰性。绝对值大的误差出现的可能性（概率）比绝对值小的误差出现的概率小。

（2）对称性。绝对值相等的正负误差出现的概率均等，对称分布于真值的两侧。

（3）有界性。在一定的条件下，误差的绝对值不会超过一定的限度。

（4）抵偿性。当测量次数很多时，随机误差的算术平均值趋于零，即：$\lim\limits_{n \to \infty} \sum\limits_{i=1}^{n} \delta_i = 0$。

误差正态分布特征可用正态分布曲线形象地表达，曲线由概率密度函数给出：

$$\varphi(x) = \frac{1}{\sigma\sqrt{2\pi}} e^{-\frac{(x-\mu)^2}{2\sigma^2}} \tag{6-2}$$

式中　x——实验数据值；

　　　μ——正态分布的均值；

　　　σ——标准误差（图6-1）。

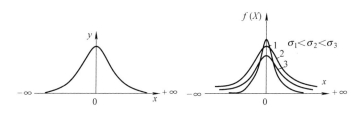

图6-1　正态分布示意图

当已知均值μ和标准差σ时，就可画出对应的正态分布曲线。数值落入曲线任意区间(a, b)的概率$P(a < x < b)$可由式（6-3）求出：

$$P(a < x < b) = \frac{1}{\sigma\sqrt{2\pi}} \int_a^b e^{-\frac{(x-\mu)^2}{2\sigma^2}} \mathrm{d}x \tag{6-3}$$

2.范围误差

在实际测量中，正常的误差都具有一定范围。试验数值中的最大值与最小值之差称为范围误差或极差，它表示数据离散的范围，可以用来度量数据的离散性。

$$\omega = x_{max} - x_{min} \tag{6-4}$$

式中　　ω——范围误差；

　　　x_{max}——试验数据最大值；

　　　x_{min}——试验数据最小值。

3.算术平均误差

尽管一个物理量的真值是客观存在的，但由于误差的存在，想得到真值的愿望仍然不能实现。根据随机误差的抵偿性特点，测量次数愈多，算术平均值接近真值的可能性愈大。当测量次数足够时，算术平均值是真值的最佳估计值。算术平均误差可反映多次测量产生误差的整体平均情况。

$$\delta = \frac{\sum_{i=1}^{n} \left| x_i - \bar{X} \right|}{n} \qquad (6\text{-}5)$$

式中　δ——算术平均误差；

　　　x_i——试验数据值；

　　　$\bar{X}$——试验数据值的算术平均值；

　　　n——试验数据个数。

4.标准差

由于真值不知道，误差δ无法计算，因而按照式（6-2），标准误差σ也无从估算。根据算术平均值是近真值的结论，在实际估算误差时采用算术平均值代替真值，用各次测量值与算术平均值的差值来估算各次测量的误差，差值称为残差。当测量次数n有限时，如用残差来表示误差，其计算公式为：

$$\sigma = \sqrt{\frac{\sum_{i=1}^{n} (x_i - \bar{X})^2}{n-1}} \qquad (6\text{-}6)$$

式中　σ——标准差；

　　　x_i——试验数据值；

　　　$\bar{X}$——试验数据值的算术平均值；

　　　n——试验数据个数。

5.错误数据的剔除

试验中有时会出现错误，尽早发现试验中的错误是试验得以顺利进行的前提，数据分析就是发现错误的重要方法，其中常用方法包括拉依达法和格罗布斯法。

（1）拉依达法

在一组数据中，有1、2个稍偏大或偏小的数值，如果简单的数据分析不能判定它是否为错误数据，就要借助于误差理论。可以计算，在相同条件下对某一物理量进行多次测量，其任意一次测量值的误差落在$\mu-3\sigma$到$\mu+3\sigma$区域之间的可能性（概率）为：

$$\varphi(\mu - 3\delta, \mu + 3\delta) = \int_{(\mu-3\delta)}^{(\mu+3\delta)} f(\Delta x) \mathrm{d}\Delta x = 99.7\% \qquad (6\text{-}7)$$

如果用测量列的算术平均值替代真值，则测量列中约有99.7%的数据应落在（$\mu-3\sigma$，$\mu+3\sigma$）区间内，如果有数据出现在此区间之外，则我们可以认为它是错误数据，这时我们应把它舍去，这样以标准差σ的3倍为界来决定数据的取舍就成为一个剔除坏数据的准则，称为拉依达准则，其计算公式为：

$$\left| x_i - \bar{X} \right| > 3\sigma \qquad (6\text{-}8)$$

式中　σ——标准差；

　　　x_i——试验数据值；

　　　$\bar{X}$——试验数据值的算术平均值。

但要注意的是，当 $\left|x_i - \overline{X}\right| > 2\sigma$ 时，数据存疑，如发现试验过程中有可疑的变异时，该数据应舍弃。另外，数据少于10个时此准则无效。

（2）格罗布斯法

当测量次数不多时，不宜用拉依达法判断，但可以用格罗布斯法判断。按此判据给出一个与数据个数 n 相联系的系数 T（取值见表6-1），当已知数据个数 n，算术平均值 $\overline{X}$ 和测量列标准偏差 σ，则可以保留的测量值 x_i 的范围为：

$$(\overline{X} - T \cdot \sigma) \leqslant x_i \leqslant (\overline{X} + T \cdot \sigma) \tag{6-9}$$

系数 T 取值表   表6-1

n	3	4	5	6	7	8	9	10	11	12	13
T	1.15	1.46	1.67	1.82	1.94	2.03	2.11	2.18	2.23	2.28	2.33
n	14	15	16	17	18	19	20	22	25	30	
T	2.37	2.41	2.44	2.48	2.50	2.53	2.56	2.60	2.66	2.74	

6.3 有效数字及数字修约规则

1.有效数字的概念

在物理量的测量中，测量结果都是存在一定误差的，这些值不能任意地取舍，它反映出测量值的准确程度。如何科学合理地反映测量结果，这涉及有效数字的问题。有效数字的定义为：有效数字是由若干位准确数和一位可疑数构成，这些数字的总位数称为有效数字。

在实验数据的记录和结果的计算中，保留几位数字不是任意的，而是根据测量仪器、分析方法的准确性决定的。

例如：试验测得某一物理量，其测量列的算术平均值为 $\overline{x} = 1.674$，算得其不确定度 $u(x) = 0.04$cm。从 $u(x)$ 数值中可知，这一组测量值在小数点后面第2位就已经有误差，所以1.674中"7"已经是有误差的可疑数，表示结果 $\overline{x}$ 时后面一位"4"已不必再写上，上述结果正确的表示应为 $x = 1.67 \pm 0.04$cm。也就是说，我们表示测量结果的数字中，只保留一位可疑数，其余应全部是确切数。

2.有效数字的运算及修约规则

（1）加减法运算规则：若干项加减运算时，仍然按正常运算进行；计算结果的最后一位，应取到与参加加减运算各项中某项最后一位靠前的位置对齐。例如，3.14+1056.73+103−9.862=1153，参加运算的各项最后一位最靠前的是103的个位，其计算结果的最后一位就保留在个位上。

（2）乘除法运算规则：计算结果的有效数字位数保留到与参加运算的各数中有效数字位数最少的位数相同。例如，2.7×3.902÷3.4567=3.0，参加运算的2.7有效数字是两位，为最少，计算结果也就取两位。这一规则在绝大多数情况下都成立，极少数情况下，由于借位或进位可能多1位或少1位。如0.98×1.1=1.08就多1位。

（3）在拟舍弃的数字中，保留数后边（右边）第1个数字小于5（不包括5）时，则舍去，保留数的末位数字不变。例如将14.2432修约到保留1位小数，修约后为14.2。

（4）在拟舍弃的数字中，保留数后边（右边）第1个数字大于5（不包括5）时，则进1，保留数的末位数字加1。例如，将26.4842修约到保留一位小数，修约后为26.5。

（5）在拟舍弃的数字中，保留数后边（右边）第一个数字等于5，且5后边的数字并非全部为零时，则进1，保留数的末尾数字加1。例如将1.0501修约到保留一位小数，修约后为1.1。

（6）在拟舍弃的数字中，保留数后边（右边）第一个数字等于5，且5后边的数字全部为零时，保留数的末位数字为奇数时则进1；保留数的末位数字为偶数时则不进。例如，将0.3500修约到保留一位小数，修约后为0.4；将0.4500修约到保留一位小数，修约后为0.4。

6.4 实验数据处理方法

1.列表法

在记录和处理实验测量数据时，经常把数据列成表格，它可以简单明确地表示出有关物理量之间的对应关系，便于随时检查测量结果是否正确合理，及时发现问题，利于计算和分析误差，并在必要时对数据随时查对。通过列表法可有助于找出有关物理量之间的规律性，得出定量的结论或经验公式等。列表法是工程技术人员经常使用的一种方法。

列表时，一般应遵循下列规则：

（1）简单明了，便于看出有关物理量之间的关系，方便处理数据。

（2）在表格中均应标明物理量的名称和单位。

（3）表格中数据要正确反映出有效数字。

（4）必要时应对某些项目加以说明，并计算出平均值、标准误差和相对误差。

例如：土的含水率实验数据记录表见表6-2。

含水率试验（烘干法） 表6-2

土样编号	土样说明	称量盒号	称量盒质量（g）	盒+湿土质量（g）	盒+干土质量（g）	湿土质量 m（g）	干土质量 m_d（g）	含水率 w（%）	平均含水率 $\overline{w}$（%）
2-1	粉质黏土	105	12.00	34.61	31.93	22.61	19.93	13.4	13.2
2-2		106	12.50	34.60	32.07	22.10	19.57	13.0	

2.作图法

试验中所得到的一系列测量数据，也可以用图线直观地表示出来，作图法就是在坐标纸上描绘出一系列数据间对应关系的图线。作图法可以研究物理量之间的变化规律，找出对应的函数关系，是求解经验公式的常用方法之一。

（1）图示法

试验中所揭示的物理量之间的关系，可以用一个解析函数关系来表示，也可以用坐标纸在某一坐标平面内由一条曲线表示，后者称为实验数据的图形表示法，简称图示法。图示法的作图规则如下：

1）选取坐标纸

作图一定要用坐标纸，根据不同试验内容和函数形式来选取不同坐标纸，其中最常用的是直角坐标纸。再根据所测得数据的有效数字和对测量结果的要求确定坐标纸的大小，原则上以不损失实验数据的有效数字和能包括所有试验点为选择依据，一般图上的最小分格至少应是有效数字的最后一位可靠数字。

2）定坐标和坐标标度

通过以横坐标表示自变量，纵坐标表示因变量，写出坐标轴所代表的物理量的名称和单位。为了使图线在坐标纸上的布局合理和充分利用坐标纸，坐标轴的起点不一定从变量的"0"开始。图线若是直线，尽量使图线比较对称地充满整个图纸，不要使图线偏于一角或一边。为此，应适当放大（或缩小）纵坐标轴和横坐标轴的比例。在坐标轴上按选定的比例标出若干等距离的整齐的数值标度，标度的数值的位数应与实验数据有效数字位数一致。选定比例时，应使最小分格代表"1""2"或"5"，不要用"3""6""7""9"表示一个单位。因为这样不仅使标点和读数不方便，而且也容易出错。

3）标点

根据测量数据，找到每个试验点在坐标纸上的位置，用铅笔以"×"标出各点坐标，要求与测量数据对应的坐标准确地落在"×"的交点上。一张图上要画多条曲线时，每条曲线可用不同标记如"+""⊙""△"等以示区别。

4）连线

用直尺、曲线板、铅笔将测量点连成直线或光滑曲线，校正曲线要通过校正点连成折线。因为试验值有一定误差，所以曲线不一定要通过所有试验点，只要求线的两旁试验点分布均匀且离曲线较近，并在曲线的转折处多测几个点，对个别偏离很大的点，要重新审核，进行分析后决定取舍。

5）写出图纸名称

要求在图纸的明显位置标明图纸的名称，即图名、作者姓名、日期、班级等。

（2）图解法

图解法就是根据实验数据所作好的图线，用解析法找出相应的函数形式，如线性函数、二次函数、幂函数等，并求出其函数的参数，得出具体的方程式。当图线是直线时，采用此法更为方便。

1）直线图解法

① 取点

在直线上任取两点 A (x_1, y_1)，B (x_2, y_2)，其坐标值最好是整数值。用"Δ"符号表示所取的点，与试验点相区别，一般不要取原试验点。所取两点在试验范围内应尽量彼此分开一些，以减小误差。

② 求斜率 k

在坐标纸的适当空白的位置，由直线方程 $y=kx+b$，写出斜率的计算公式：

$$k = \frac{y_2 - y_1}{x_2 - x_1} \tag{6-10}$$

将两点坐标值代入上式，写出计算结果。

③ 求截距 b

如果横坐标的起点为零，其截距 b 为 $x=0$ 时的 y 值，其直线的截距即由图上直接读出。

如果起点不为零，可由式（6-11）求出截距：

$$b = \frac{x_2 y_1 - x_1 y_2}{x_2 - x_1} \tag{6-11}$$

2）曲线的改直

在实际工作中，许多物理量之间的函数关系形式是复杂的，并非都为线性，但是可以经过适当变换后成为线性关系，即把曲线变成直线，这种方法叫曲线改直。

3.最小二乘法

由一组实验数据找出一条最佳的拟合直线（或曲线），常用的方法是最小二乘法。所得的变量之间的相关函数关系称为回归方程。所以最小二乘法线性拟合也称为最小二乘法线性回归。

（1）一元线性回归

最小二乘法所依据的原理是：在最佳拟合直线上，各相应点的值与测量值之差的平方和应比在其他的拟合直线上的都要小。

假设所研究的变量只有两个，即 x 和 y，且它们之间存在着线性相关关系，是一元线性方程：

$$y = A_0 + A_1 x \tag{6-12}$$

实验测量的一组数据是：

$$x:x_1, x_2, x_3, \cdots, x_m$$
$$y:y_1, y_2, y_3, \cdots, y_m$$

需要解决的问题是：根据所测得的数据，如何确定式（6-12）中的常数 A_0 和 A_1。实际上，相当于用作图法求直线的斜率和截距。

由于试验点不可能都同时落在式（6-12）表示的直线上，为使讨论简单起见，作如下限定：

① 所有测量值都是等精度的。只要试验中不改变试验条件和方法，这个条件就可以满足。

② 只有一个变量有明显的偶然误差。因为 x_i 和 y_i 都含有误差，把误差较小的一个作为变量 x，就可满足该条件。

假设在式（6-12）中的 x 和 y 是在等精度条件下测量的，且 y 有偏差，记作 $\varepsilon_1, \varepsilon_2, \varepsilon_3, \cdots, \varepsilon_m$。

把实验数据 $(x_1, y_1),(x_2, y_2), \cdots, (x_m, y_m)$ 代入式（6-12）后得：

$$\begin{cases} \varepsilon_1 = y_1 - y = y_1 - A_0 - A_1 x_1 \\ \varepsilon_2 = y_2 - y = y_2 - A_0 - A_1 x_2 \\ \qquad\qquad \cdots \\ \varepsilon_m = y_i - y = y_i - A_0 - A_1 x_i \end{cases}$$

其一般式为：

$$\varepsilon_i = y_i - y = y_i - A_0 - A_1 x_i \tag{6-13}$$

ε_i 的大小与正负表示试验点在直线两侧的分散程度，ε_i 的值与 A_0、A_1 的数值有关。根据最小二乘法的思想，如果 A_0、A_1 的值使 $\sum\limits_{i=1}^{m} \varepsilon_i^2$ 最小，那么式（6-13）就是所拟合的直线，即由

$$\sum_{i=1}^{m} \varepsilon_i^2 = \sum_{i=1}^{m} (y_i - A_0 - A_1 x_i)^2 \tag{6-14}$$

对 A_0 和 A_1 求一阶偏导数，且使其为零得：

$$\begin{cases} \dfrac{\partial}{\partial A_0} \left(\sum\limits_{i=1}^{m} \varepsilon_i^2 \right) = -2 \sum\limits_{i=1}^{m} (y_i - A_0 - A_1 x_i) = 0 \\ \dfrac{\partial}{\partial A_1} \left(\sum\limits_{i=1}^{m} \varepsilon_i^2 \right) = -2 \sum\limits_{i=1}^{m} [(y_i - A_0 - A_1 x_i) x_i] = 0 \end{cases} \tag{6-15}$$

令 $\bar{x}$ 为 x 的平均值，即 $\bar{x} = \dfrac{1}{m} \sum\limits_{i=1}^{m} x_i$，$\bar{y}$ 为 y 的平均值，即 $\bar{y} = \dfrac{1}{m} \sum\limits_{i=1}^{m} y_i$，$\overline{x^2}$ 为 x^2 的平均值，即 $\overline{x^2} = \dfrac{1}{m} \sum\limits_{i=1}^{m} x_i^2$，$\overline{xy}$ 为 xy 的均值，即 $\overline{xy} = \dfrac{1}{m} \sum\limits_{i=1}^{m} x_i y_i$，代入式（6-15）中得：

$$\begin{cases} \bar{y} - A_0 - A_1 \bar{x} = 0 \\ \overline{xy} - A_0 x - A_1 x^2 = 0 \end{cases}$$

解方程组得：

$$\begin{cases} A_1 = \dfrac{\overline{xy} - \bar{x} \cdot \bar{y}}{\overline{x^2} - \bar{x}^2} \\ A_0 = \bar{y} - A_1 \bar{x} \end{cases} \tag{6-16}$$

（2）把非线性相关问题变换成线性相关问题

在实际问题中，当变量间不是直线关系时，可以通过适当的变量变换，使曲线问题转化成线性相关的问题。需要注意的是，经过变换等精度的限定条件不一定满足，会产生一些新的问题。遇到这类情况应采取更恰当的曲线拟合方法。

下面举例说明：

若函数为 $x^2 + y^2 = C$，其中 C 为常数，令：$X = x^2$，$Y = y^2$

则有：$Y = C - X$。

（3）相关系数 r

以上所讨论的都是试验在已知的函数形式下进行时，由试验的测量数据求出的回归方程。因此，在函数形式确定以后，用回归法处理数据，其结果是唯一的，不会像作图法那样因人而异。可见用回归法处理问题的关键是函数形式的选取。

但是当函数形式不明确时，要通过测量值来寻求经验公式，只能靠实验数据的趋势来推测。对同一组实验数据，不同的工作者可能会取不同的函数形式，得出不同的结果。

为了判断所得结果是否合理，在待定常数确定以后，还需要计算一下相关系数 r。对于线性回归，r 的定义为：

$$r = \dfrac{\overline{xy} - \bar{x} \cdot \bar{y}}{\sqrt{\left(\overline{x^2} - \bar{x}^2 \right) \left(\overline{y^2} - \bar{y}^2 \right)}} \tag{6-17}$$

相关系数 r 的数值大小反映了相关程度的好坏。可以证明 $|r|$ 的值介于 0 和 1 之间，$|r|$ 值越接近于 1，说明实验数据能密集在求得的直线附近，x、y 之间存在着线性关系，

用线性函数进行回归比较合理。相反，如果 $|r|$ 值远小于1而接近0，说明实验数据对求得的直线很分散，x、y 之间不存在线性关系，即用线性回归不妥，必须用其他函数重新试探。一般当 $|r| \geqslant 0.9$ 时，就认为两个物理量之间存在较密切的线性关系。

6.5 思 考 题

1. 误差可分为哪几类？其产生的原因有哪些？
2. 为什么把算术平均值作为测量的近真值？
3. 为什么要对试验结果进行数字修约？具体的修约规则都有哪些？
4. 试简述土木工程专业试验中常用的数据处理方法。
5. 如何对可疑数据进行判定和取舍？

附录1 相关试验图表

含水率试验（烘干法）

工程名称 _____　　　　试验方法 _____　　　　试验日期 _____

土样编号	土样说明	称量盒号	称量盒质量(g)	盒+湿土质量(g)	盒+干土质量(g)	湿土质量 m (g)	干土质量 m_d (g)	含水率 w(%)	平均含水率 w(%)

相对密度试验（比重瓶法）

工程名称 _____　　　　试验方法 蒸馏水煮沸排气　　　　试验日期 _____

试样编号	比重瓶号	水温(℃)	液体相对密度 $G_{wt°}$	比重瓶质量(g)	瓶土总质量(g)	干土质量 m_d (g)	瓶液总质量 m_1 (g)	瓶液土总质量 m_2 (g)	相对密度 G_s	平均相对密度 G_s	土颗粒密度 (g/cm³)

密度试验（环刀法）

工程名称 _____　　　　土样说明 原状土　　　　试验日期 _____

试样编号	土样类别	环刀号	环刀质量 (g)	湿土质量 m (g)	干土质量 m_d (g)	试样体积 V (cm³)	湿密度 ρ(g/cm³)	干密度 ρ_d(g/cm³)

液塑限联合试验　　　　　　　　　　　　　　　　附表 1-4

工程名称 _____　　　　　土样说明 _____　　　　　试验日期 _____

土样编号	称量盒号	盒质量(g)	盒+湿土质量(g)	盒+干土质量(g)	含水率 w（%）	圆锥下沉深度 h（mm）	液限 w_l(%)	塑限 w_p（%）	塑性指数 I_p	下沉深度10mm	
										w_{10}（%）	I_{10}

颗粒大小分析试验（筛析法）　　　　　　　　　　　附表 1-5

工程名称 ____　　　　土样说明 ____　　　　总土质量 $m=$ ___g　　　　试验日期 ____

孔径(mm)	该孔径留筛土质量(g)	累积留筛土质量(g)	小于该孔径的土质量(g)	小于该孔径的总土质量百分数(%)
20				
10				
5				
2				
1				
0.5				
0.25				
0.075				
底盘 小于0.075				

颗粒大小分析试验（密度计法）

附表1-6

工程名称 ＿＿＿＿　　　土样说明 ＿＿＿＿　　　干土质量 m_d = ＿＿ g　　　试验日期 ＿＿＿＿

比重计号 甲-　　　　　土粒相对密度 G_s= ＿＿＿　　相对密度校正系数 C_G = ＿＿＿　　d_x =＿＿＿＿

下沉时间 t （min）	温度 （℃）	温度校正值 T （℃）	密度计读数	土粒沉降距离 L(cm)	粒径 d(mm)	小于某粒径的土质量 百分数(%)	小于该孔径的总 土质量百分数 （%）

土的粒径和级配

附表1-7

土样编号	d_{10}(mm)	d_{30}(mm)	d_{50}(mm)	d_{60}(mm)	不均匀系数 C_u	曲率系数 C_v	级配说明

变（常）水头渗透试验（南55型仪）

附表1-8

工程名称 ＿＿＿＿＿＿＿　试样编号 ＿＿＿＿　试样说明 ＿＿＿＿＿＿＿　试验日期 ＿＿＿＿＿＿

试样面积 A =＿＿＿＿＿ cm^2　　测压管断面积 a = ＿＿＿＿＿ cm^2　　试样高度 L = ＿＿＿ cm

开始 时间	终止 时间	经过 时间 t (s)	开始时水头 h_1(cm)	终止时水头 h_2(cm)	水温 T℃时渗透 系数 k_T(10^{-7}cm/s)	水温 （℃）	黏滞系数比 η_T/η_{20}	渗透系数 k_{20} (10^{-7}cm/s)

作常水头试验计算时：

开始 时间	终止 时间	经过时间 t (s)	常水头 h (cm)	水量 Q (cm^3)	水温 T℃时渗透系 数 k_T(10^{-7}cm/s)	水温 （℃）	黏滞系数比 η_T/η_{20}	渗透系数 k_{20} (10^{-7}cm/s)

固结试验记录

附表1-9

工程名称 _____ 试样编号_____ 仪器编号 _____ 试验日期_____

试样说明 _____ 试样面积$A=$_____cm^2 试样原始高度 $h_0=$_____mm

经过时间（min）	压力（kPa）					
	50	100	200	400	800	
0	0					
0.1						
0.25						
0.5						
1						
2						
5						
总变形(mm)						
仪器变形(mm)						
试样变形(mm)						

固结试验记录计算

附表1-10

工程名称 _____ 试样编号_____ 试验日期 _____

加压历时（min）	压力P（kPa）	试样总变形量$\sum\Delta h_i$（mm）	压缩后试样高度h（mm）	孔隙比e_i	单位沉降量差$S_{i+1}-S_i$（mm/m）	压缩模量E_s（MPa）	压缩系数a_v（MPa^{-1}）	排水距离h（cm）	固结系数C_v（10^{-2}cm^2/s）
0	0	0							

直接剪切试验记录表（快剪法）

工程名称 _____ 试样编号 _____ 仪器编号 _____ 试验日期 _____

试样说明 _____ 试样面积 A =_____ cm^2 试样初始高度 h_0= _____

垂直压力 σ = _____kPa 量力环率定系数 C=_____kPa/0.01mm 手轮转速____转/min

n—手轮转数(转)　　　R—量力环量表读数(0.01mm)

ΔL—剪切位移（0.01mm）　　τ—剪应力（kPa）　　ΔV—垂直位移（0.01mm）

n	R (0.01mm)	τ (kPa)	ΔL (0.01mm)	ΔV (0.01mm)	n	R (0.01mm)	τ (kPa)	ΔL (0.01mm)	ΔV (0.01mm)
0					15				
0.5					16				
1					17				
2					18				
3					19				
4					20				
5					21				
6					22				
7					23				
8					24				
9					25				
10					26				
11					27				
12					28				
13					29				
14					30				

直接剪切试验抗剪强度计算表（快剪法）

工程名称 _____ 试样说明 _____ 试验日期 _____

班级组别 _____ 试验者 _____ 计算者 _____ 校核者 _____

试样编号	面积 $A(cm^2)$	高 $h(mm)$	破坏读数 $R(0.01mm)$	应力环系数 (kPa/0.01mm)	垂直压力 $\sigma(kPa)$	抗剪强度 $\tau_f(kPa)$	黏聚力 $c(kPa)$	内摩擦角 $\varphi(°)$	备注

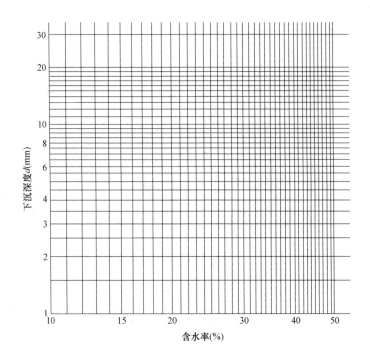

附图1-1　圆锥下沉深度与含水率关系曲线

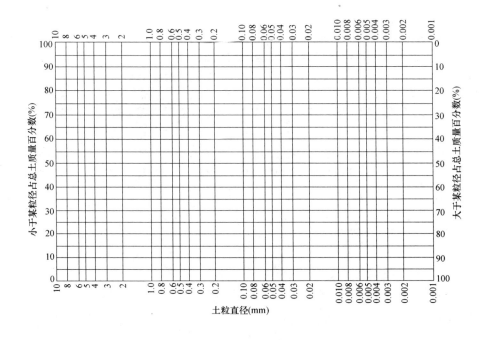

附图1-2　颗粒大小分布曲线

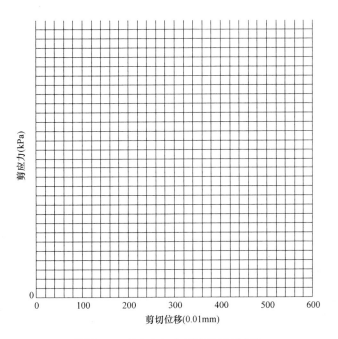

附图1-3　剪应力与剪切位移关系曲线

附录2 相关仪器设备操作规程

附2.1 WEP-600液压式屏显万能试验机操作规程

1. 设备性能及参数

（1）该机主要由主机、油源操作台和计算机系统组成，用于金属及岩石、混凝土等材料的拉伸、压缩、弯曲及剪切试验（附图2-1）。

（2）使用环境：温度10~35℃，无振动、无腐蚀性介质环境中。

（3）主要技术参数：最大试验力600kN；精度等级：优于1级；操作空间：拉伸大于等于600mm，压缩大于等于600mm；可由微机记录和打印试验曲线。

2. 设备操作步骤

（1）开机前请认真阅读使用说明，了解其构造、功

附图2-1 液压式屏显万能试验机

能等；进行培训后方可使用试验机。

（2）开机前请检查电路、油路、管路等各个线路连接是否正确。

（3）把试件正确安放在试验操作台上，打开电源、油源及显示器。

（4）打开送油阀门进行加载，在试验过程中，操作人员不得离开，加载时注意控制送油阀的大小，调整控制参数，避免加载速度过快。

（5）试验完毕后，打开回油阀，关闭送油阀，同时切断电源。

3. 使用注意事项

（1）如在试验中有紧急情况发生，马上切断电源，以免发生危险。

（2）试验机在使用后应进行擦拭，保持表面干净整洁。

（3）试验机各轴承及丝杠旋转部位应经常加油润滑。

（4）伺服油源使用46号抗磨液压油，每隔3年应更换一次，但根据使用频率可适当缩短或延长。

附2.2 GAW-2000微机控制电液伺服刚性压力机操作规程

1. 设备性能及参数

（1）该机主要由主机、伺服液压源、伺服控制系统组成，适用于岩石、混凝土等非金属材料的压缩试验及刚性伺服试验（附图2-2）。

（2）使用环境为：温度10~30℃；湿度小于等于80%；无振动、无电磁场等干扰。

（3）主要技术参数为：最大试验力2000kN；精度等级优于1级；刚度大于等于10MN/mm；可由微机显示及记录试验曲线。

附图2-2　微机控制电液伺服刚性压力机

2.设备操作步骤

（1）开机前请认真阅读使用说明，了解其构造、功能等，进行培训后方可使用试验机。

（2）开机前请检查电路、油路、管路等各个线路连接是否正确。

（3）把试件与压块紧密配合在一起。

（4）若进行伺服刚性试验，把试件与引伸计正确安装，然后放在压力板上。

（5）打开主机电源、伺服控制系统电源。

（6）打开伺服液压源、伺服控制系统，输入正确合理的控制参数，然后开始试验。

（7）在试验过程中，操作人员不能离开，仔细观察试验过程，调整控制参数，完成试验。

3.使用注意事项

（1）如在试验中有紧急情况发生，马上切断电源，以免发生危险。

（2）试验机在使用后应进行擦拭，保持表面干净整洁。

（3）伺服油源使用46号抗磨液压油，每隔3年更换1次，根据使用频率可适当缩短或延长。

附2.3　沥青延度仪操作规程

1.设备性能及参数

（1）该设备由机体和控制系统组成，适用于测定道路石油沥青、液体沥青蒸馏残留物和乳化沥青蒸发残留物等材料的延度（附图2-3）。

（2）使用环境为：温度5~50℃；相对湿度小于等于80%；无振动、无腐蚀性气体。

（3）主要技术参数：最大延伸长度2000mm；温控精度25±0.5℃；延伸速率50±0.5mm/min。

附图2-3　沥青延度仪

2.操作步骤

（1）向延度仪水槽中注水，应保证水面距试件表面不小于25mm。

（2）接通设备电源，检查仪器正常后，通过控制面板设定试验所需温度，启动制冷或加热系统，达到设定温度后系统自动停止工作。

（3）将准备好的试模正确安装在延度仪中。

（4）准备就绪后，通过控制面板按下启动按钮，开始试验，同时显示面板将记录延伸长度。试验过程中如发现沥青浮于水面或沉入槽底，应加入酒精或食盐调整水的相对密度至与试样相近，再重新进行试验。

（5）当试样被拉断时，记录该试样的延度，直至3根试样全部拉断或达到试验要求。

（6）试验完成，取出试模，将延度仪复位，关闭电源。

（7）打开放水阀将槽内的水放出，清理擦拭仪器，试验结束。

3.使用注意事项

（1）仪器应有良好的接地保护，在试验过程中应无明显振动。

（2）严禁在水槽内无水时开启制冷或加热系统。

（3）试验完毕后，须及时排水并擦干仪器，防止生锈。

（4）试验过程中若发生紧急情况，应立即切断电源，停止试验。

附2.4　SZJ-1应变控制式直剪仪操作规程

1.设备性能及参数

（1）应变控制式直剪仪主要由剪切盒、垂直加荷构件、剪切力施加构件、附件等组成，剪切盒主要由上盒、下盒、储水盒、透水板、传压板等组成，适用于测定土的抗剪强度和黏聚力（附图2-4）。

（2）使用环境为：温度5~35℃；相对湿度小于等于85%；无振动、无腐蚀性气体。

（3）主要技术参数：土样尺寸：直径61.8mm，高度20mm；手轮每转1圈为0.2mm，变速范围为0.01~2.4mm/min。

2.操作步骤

（1）将土样置入剪切盒，对齐上下盒并插入固定销。

（2）转动手轮，使上盒前端钢珠刚好与量力环接

附图2-4　应变控制式直剪仪

触。调整量力环中的量表读数为零。

（3）施加垂直压力，拔出固定销，匀速剪切，直至土样破坏。

（4）剪切结束后，吸取剪切盒中积水，倒转手轮，尽快移去垂直压力、框架、钢珠加盖板等。

3.使用注意事项

（1）试验过程中，仪器严禁随意挪动，应无明显振动。

（2）剪切开始之后，一定要拔掉固定销，以免损坏仪器。

（3）量力环应定期进行标定。

（4）试验完毕后，须及时清理剪切盒内残留的土样和水渍，防止生锈。

附 2.5　TSZ 应变控制式三轴仪操作规程

1.设备性能及参数

（1）应变控制式三轴仪主要由周围压力系统、反压力系统、孔隙水压力量测系统和主机组成，适用于测定土的抗剪强度、黏聚力、孔隙压力、体积变化等（附图2-5）。

（2）使用环境为：温度：5~35℃；相对湿度：小于等于85%；无振动、无腐蚀性气体。

（3）主要技术参数：土样尺寸：直径39.1mm，高度80mm；载荷30kN；应变速率：0.0024~4.5mm/min；体积变化：0~50mL，最小分度：0.1mL。

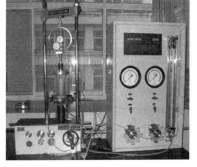

附图 2-5　应变控制式三轴仪

2.操作步骤

（1）开机前请认真阅读使用说明，了解其构造、功能等，进行培训后方可使用试验机。

（2）开机前请检查电路、阀门、管路等。

（3）将土样装入压力腔，加上玻璃罩，并拧紧密封螺帽，同时使传压活塞与土样帽接触。

（4）输入正确合理的控制参数，启动电机，开始剪切。

（5）试验结束，停机并卸除周围压力，然后拆除试样。

（6）在试验过程中，操作人员不能离开，仔细观察试验过程，调整控制参数，完成试验。

3.使用注意事项

（1）如在试验中有紧急情况发生，请马上切断电源，以免发生危险。

（2）试验前进行仪器检查，保证管路畅通，各连接处无漏水，压力室活塞杆在轴套内能滑动。

（3）试验机在使用后应进行擦拭，保持表面干净整洁。

附 2.6　GDS 非饱和土三轴试验系统操作规程

1.设备性能及参数

（1）该设备主要由压力室、高进气陶土板、底座和顶帽、控制器、气压控制器、软件、空压机等组成（附图2-6）。

附图2-6　非饱和土三轴试验系统

（2）使用环境为：温度：5~35℃；相对湿度：小于等于85%；无震动、无腐蚀性气体。

（3）主要技术参数为：轴向荷载：8kN，精度0.1%FS；试样尺寸：38mm×76mm/50mm×100mm；围压控制器压力精度：1kPa，小于0.15%；孔隙气压控制器压力精度：1kPa，小于0.15%；反压控制器压力精度：1kPa，小于0.15%；反压控制器体积精度：小于0.25%；反压控制器压力分辨率：1kPa；反压控制器体积分辨率：1mm³；孔压传感器量程：2MPa，精度小于0.1%；陶土板进气值：5Bar；轴向位移：±25mm，精度小于0.075%。

2.设备操作步骤

（1）饱和陶土板。

（2）安装试样。

（3）内压力室和参照管注水。

（4）安装外压力室。

（5）外压力室注水。

（6）通过计算机施加1个20kPa的围压，观察压力室是否密封，当压力室无漏水且孔隙气压端口无水流出时连接孔隙气压管路。

（7）传感器清零。将体积变形、轴向力和位移传感器读数清零。

（8）试样接触。点击软件中荷重传感器眼睛，连续点击Read，逆时针拎动压力杆上部的螺栓让压力杆向下移动，观察荷重传感器的读数，当荷重传感器读数有一定数值时固定压力杆。

（9）通过软件设置试验。基本的非饱和试验一般包括三个过程：吸力平衡、等吸力固结和等吸力剪切。

3.使用注意事项

（1）如在试验中有紧急情况发生，请马上切断电源，以免发生危险。

（2）试验机在使用后应进行擦拭，保持表面干净整洁。

（3）取外压力室时应尽量避免与内压力室发生碰撞，做到轻拿轻放。

参 考 文 献

[1] 朋改非. 土木工程材料 [M]. 武汉：华中科技大学出版社，2008.

[2] 白宪臣. 土木工程材料实验（第二版）[M]. 北京：中国建筑工业出版社，2016.

[3] 刘娟红. 土木工程材料 [M]. 北京：机械工业出版社，2013.

[4] 杨崇豪，王志博，张正亚，李慧，吴凤珍. 土木工程材料试验教程 [M]. 北京：中国水利水电出版社，2015.

[5] 中华人民共和国国家标准. 水泥细度检验方法 筛析法 GB/T 1345—2005 [S]. 北京：中国标准出版社，2005.

[6] 中华人民共和国国家标准. 水泥标准稠度用水量、凝结时间、安定性检验方法 GB/T 1346—2011 [S]. 北京：中国标准出版社，2011.

[7] 中华人民共和国国家标准. 水泥胶砂强度检验方法（ISO法） GB/T 17671—1999 [S]. 北京：中国标准出版社，1999.

[8] 中华人民共和国国家标准. 水泥胶砂流动度测定方法 GB/T 2419—2005 [S]. 北京：中国建筑工业出版社，2005.

[9] 中华人民共和国行业标准. 普通混凝土用砂、石质量及检验方法标准 JGJ 52—2006 [S]. 北京：中国建筑工业出版社，2006.

[10] 中华人民共和国国家标准. 混凝土物理力学性能试验方法标准 GB/T 50081—2019 [S]. 北京：中国建筑工业出版社，2019.

[11] 中华人民共和国国家标准. 普通混凝土长期性能和耐久性能试验方法标准 GB/T 50082—2009 [S]. 北京：中国建筑工业出版社，2009.

[12] 中华人民共和国国家标准. 普通混凝土拌合物性能试验方法标准 GB/T 50080—2016 [S]. 北京：中国建筑工业出版社，2016.

[13] 中华人民共和国国家标准. 金属材料 拉伸试验 第1部分：室温试验方法 GB/T 228.1—2010 [S]. 北京：中国标准出版社，2011.

[14] 中华人民共和国国家标准. 砌墙砖试验方法 GB/T 2542—2012 [S]. 北京：中国建筑工业出版社，2012.

[15] 中华人民共和国国家标准. 混凝土砌块和砖试验方法 GB/T 4111—2013 [S]. 北京：中国标准出版社，2014.

[16] 中华人民共和国行业标准. 公路工程沥青及沥青混合料试验规程 JTG E20—2011 [S]. 北京：人民交通出版社，2011.

[17] 中华人民共和国国家标准. 建筑防水卷材试验方法 GB/T 328—2007 [S]. 北京：中国标准出版社，2007.

[18] 中华人民共和国国家标准. 土工试验方法标准 GB/T 50123—2019 [S]. 北京：中国计划出版社，2019.

[19] 中华人民共和国行业标准. 土工试验规程 SL 237—1999 [S]. 北京：中国水利水电

出版社，1999.

[20] 中华人民共和国行业标准. 砌筑砂浆配合比设计规程 JGJ/T 98—2010 [S]. 北京：中国建筑工业出版社，2011.

[21] 中华人民共和国行业标准. 建筑砂浆基本性能试验方法标准 JGJ/T 70—2009 [S]. 北京：中国建筑工业出版社，2009.

[22] 孙红月. 土力学实验指导 [M]. 北京：中国水利水电出版社，2010.

[23] 刘洋. 土力学基本原理及应用 [M]. 北京：中国水利水电出版社，2016.

[24] 中华人民共和国行业标准. 自密实混凝土应用技术规程 JGJ/T 283—2012 [S]. 北京：中国建筑工业出版社，2012.